方洲 编著

心态决定状态

中国华侨出版社
·北京·

图书在版编目 (CIP) 数据

心态决定状态 / 方洲编著 . —— 北京：中国华侨出
版社 , 2008.09（2024.2 重印）
ISBN 978-7-80222-701-9

Ⅰ.①心⋯ Ⅱ.①方⋯ Ⅲ.①成功心理学—通俗读物
Ⅳ.① B848.4-49

中国版本图书馆 CIP 数据核字（2008）第 120850 号

心态决定状态

编　　著：方　洲
责任编辑：高文喆
封面设计：朱晓艳
经　　销：新华书店
开　　本：710 mm×1000 mm　1/16 开　　印张：14　　字数：185 千字
印　　刷：三河市富华印刷包装有限公司
版　　次：2008 年 9 月第 1 版
印　　次：2024 年 2 月第 2 次印刷
书　　号：ISBN 978-7-80222-701-9
定　　价：49.80 元

中国华侨出版社　北京市朝阳区西坝河东里 77 号楼底商 5 号　邮编：100028
发 行 部：（010）64443051　　　传　真：（010）64439708
网　　址：www.oveaschin.com　　E－m a i l：oveaschin@sina.com

如果发现印装质量问题，影响阅读，请与印刷厂联系调换。

前　言

　　大凡工作着的人都有这样一个体会：当你工作状态不好的时候，工作效率会大打折扣，即使你付出更多的努力也无济于事。这种情况在运动场上、在日常生活中也常常出现。那么如何提升状态呢？一个至关重要的因素是心态。

　　心是什么？有谁能真的明白心是怎样在工作的呢？

　　一个能达到你想要的结果所需要的心态是人生中必不可少的。心态决定了一个人的状态，能爬到多高，能走到多远，都是心态问题。心有多高，生命状态就有多高；心有多宽，人生之路就有多广。

　　失败者之所以失败是因为内心空虚；成功者之所以成功是因为内心充满着力量。内心的力量是成功的关键。它带给我们勇气，带给我们自信，带给我们智慧。

　　内心的力量来自"身心合一"，来自内心的平静，来自良好的心态。让我们关注自己的内心，因为它是智慧与力量的源泉。让

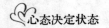

我们关注自己内心的修为，因为这是事业成就的根本。

本书多方位、多层次地探讨了心态——状态——人生成败之间的辩证关系，尤其是从状态这个角度，对心态进行了进一步的探讨，希望能对广大读者提升状态、摆正心态有所帮助。

目 录

第一章
状态决定成败心态决定状态

我们常听说运动员的竞技状态会影响他的成绩,其实普通人也是如此。状态是一个人身心境界的综合体现,状态好,思维就敏捷,身体就协调,注意力集中,效率会更高,做事情成功的概率自然大大提高。另一方面,要想保持良好的状态,就要从心态入手,心态摆正了,好状态会不请而至。搞清楚成败——状态——心态的关系,才能知道如何让自己成为一个有生存质量、有办事效率的人。

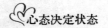
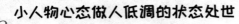 第二章

小人物心态做人低调的状态处世

　　有人倡导以低调的状态处世，这没错，因为低调可以赢得好感，有利于协调关系、办成事情。道理似乎人人都懂，但能做到的人并不多，问题就出在心态上。把自己当成一个小人物，学会尊重和礼让别人，就能呈现出一副不卑不亢、有理有据的新面孔。

第三章

"往坏处想"的心态想事以练达的状态做事

在待人接物上，有的人显得很幼稚：把人和事想得太好，一旦不如意便觉得似乎天都塌下来，所以跟人交往要么容易吃亏上当，要么动辄得咎。另有一些人则显得成熟老练：能看清人，也总能做对事。古人说"人情练达即文章"，要想写好这样一篇大文章，不妨凡事先往坏处想一想，有了这样的心理准备，就能拥有平和的心态。

第四章

自在的心态善对自我健康的状态享受生活

有不少人的生存状态可以用一个"累"字来形容：追求总是那么多，所得总是不满足，工作事业压力大，以至身体透支、精神疲惫。我们必须学会卸载心灵上诸多负重，善待自我，培育一个自在的心态，这样才能以健康的身心状态发掘和享受生活中的精彩。

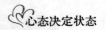

第五章

以朴实的心态付出以成熟的状态收获

　　工作是人生中十分重要的一部分，让这一部分充实快乐，硕果累累，可以提高你的生存高度和人生高度，其途径无他，只有让自己在工作中尽快成熟起来，同样，心态在这里也起着举足轻重的作用。让浮躁的心踏实下来，以朴实的心态付出努力，少计较些得失，收获必然更多。

第六章

以"有度"的心态看钱以智慧的状态赚钱

有句流行语叫"赚到钱够花，睡到自然醒"，在人的欲望当中，金钱占有"显赫"的位置。常言说"君子爱财，取之有道"，其实"有道"的同时更须"有度"。有了"有度"的心态，赚钱会更加智慧，花钱会更加理智。

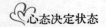
第七章

 以包容的心态看人以豁达的状态待人

　　在人际交往中，仅仅有前面所说的"练达"是不够的，还应该以豁达的状态待人。豁达不是简单的大大咧咧，而是能以包容、宽怀的心看待别人的高低对错，以坦然恬静的心情对待自己的成败得失。

第八章

 坏心态变成好心态自我调控是关键

　　没有谁高明到不犯错误，在心态问题上是也是如此。聪明人与愚蠢者的区别在于，会不会及时通过心态转换实现状态的自我调控。蒙牛老总牛根生有句话说得好："（心态）就如同翻一页书……高手翻到的全是天使，不是因为魔鬼不存在，而是他能把魔鬼变成天使。"

第九章

 监视不良心态找回最佳状态

　　在工作、交际、婚姻、生活中始终保持良好的状态是一件多么美好的事情，因为你总是那么适当地应对矛盾，那么高效地处理问题，那么快乐地享受生活。要做到这一点也并没有你想象的那么难：看看自己有哪些不良的心态，然后改变它。

第一章

状态决定成败
心态决定状态

　　我们常听说运动员的竞技状态会影响他的成绩，其实普通人也是如此。状态是一个人身心境界的综合体现，状态好，思维就敏捷，身体就协调，注意力集中，效率会更高，做事情成功的概率自然大大提高。另一方面，要想保持良好的状态，就要从心态入手，心态摆正了，好状态会不请而至。搞清楚成败——状态——心态的关系，才能知道如何让自己成为一个有生存质量、有办事效率的人。

为自己的心情做主

播下一种心态，收获一种思想；播下一种思想，收获一种行为；播下一种行为，收获一种习惯；播下一种习惯，收获一种性格；播下一种性格，收获一种命运。

——拿破仑·希尔

老太太前后情绪的变化说明，有句话说得好，"生活由心情做主，心情由你做主。"不是吗？不管外在的环境如何，只要心情好，便一切都好。但下一个问题马上就来了：怎样做到天天好心情呢？生活中难道不会遇到困难和烦恼吗？

要理解这个问题，先看一个小故事。一位老太太有两个女儿，一个卖雨伞，一个卖香，老太太常常发愁：天气好吧，我那个卖伞的女儿生意肯定不好，因为人们不需要伞；下雨了呢，我那个卖香的女儿生意又不好了，因为下雨都不愿意出门，也就没有去进香的了。一个邻居听了后，笑逐颜开地说："老嫂子，你多有福啊，你是下雨也挣钱，不下雨也挣钱。"老太太转念一想也对，于是就不像以前那样发愁了。事情本身没有改变，心态变了，心情就变了。

其实心态改变的何止是心情，它还可以改变你的状态——心理状态、竞技状态、工作状态、生活状态……

查汉语词典，对"状态"的释义是人和事物表现出来的形态。显然，一个人状态的好坏，对其做事情的成效有巨大的影响。喜欢体育的朋友知道，体育评论员常以状态的好坏评价运动员的表现。他的运动水平再高，如果求胜心切或者紧张畏败，竞技状态会大打折扣，这是心态影响、决定状态的直接体现。我们知道在美国 NBA 的休斯敦火箭队，姚明有一位队友麦迪，作为享誉全联盟的超级巨星，麦迪有着不同凡响的运动天赋和得分能力。但在几次受伤以后，害怕再次受伤而断送职业生涯的心态让他在篮球场上变得缩手缩脚，以前那个风云电掣的麦迪不见了，取而代之的是一个不敢承担责任、状态全无的麦迪。

运动员在运动场上如此，普通人在生活中、工作中也是如此。有位秀才进京赶考，住在京城的客栈里。考前一天的夜里，他做了三个梦，第一个梦是梦到自己在墙上种白菜；第二个梦是下雨天，他戴了斗笠还打着伞；第三个梦是梦到跟心爱的姑娘同床共寝，但却背对背，谁也不理谁。

秀才觉得这三个梦可能预示着什么，便赶紧去找算命先生解梦。算命先生一听，连拍大腿说："考试没戏了，赶紧回家吧。你想想，高墙上种白菜不是白费吗？戴斗笠打雨伞不是多此一举吗？跟意中人躺在一张床上，却背对背，不是没戏吗？"秀才一听，觉得有道理，便心灰意冷，回到店里收拾包袱准备回家。店掌柜见状奇怪地问："后生，不是明天才考试吗？怎么今天就回乡下？"秀才如此这般地说了经过。店掌柜乐了，说："我也会解梦，我倒觉得，你一定要留下来。你想想，墙上种菜不是高种（中）吗？戴斗笠打雨伞不是说明你这次有备而无患吗？跟意中人背对背躺在床上，不是说明你翻身可得吗？"秀才一听，似乎也很有道理，于是精神振奋地参加考试去了，果然金榜题名。这个故事启示我们：心态决定状态，状态决定行为，行为决定结果，有什么样的心态就有什么样的心情，就有什么样的状态，就有什么样的人生。其实，在这个世界上，成功卓越者少，失败平庸者多。就个体而言，只有 5% 是辉煌的，95% 都是平淡的。成功学的始祖拿破仑·希尔说:"一个人能否成功,关键在于他的心态。"他把心态分为积极心态(PMA)和消极心态(NMA)两种。并把积极心态列为17条成功定律之首,作为黄金定律。

秀才解梦的故事说明,心态不同会导致人生的截然不同。悲观的人,先被自己打败,然后才被生活打败;乐观的人,先战胜自己,然后才战胜生活。说到底,人生命运如何,由你自己决定。运用积极心态支配自己人生的人,他们能够运用积极奋发、进取、乐观的心态,处理好人生中遇到的各种困难、矛盾和问题,困难面前有他们,他们前面没困难。运用消极心态支配自己人生的人,心态悲观,消极颓废,不敢也不去积极解决人生中所面临的各种困难、矛盾和问题。

也许你不能为别人做主,但你可以为自己做主:为你的心态做主,也为你的心情、你的状态、你的人生做主。

和差距过过招

失掉了勇敢的信念,就等于你把一切都失掉了。

——歌德

不得不承认,人们之间还是有很大差距的,从智商从口才从容貌等等。就算在某些事情上你可能做得比你的朋友好,但他比你聪明却是不争的事实。这个时候打退堂鼓沮丧失望可不是什么办法。你应该做的是,正视人与人之间的差距,努力把这种压力负担起来,并让它成为促进自我发展的一种积极心态。你要大声喊出:天生我材必有用!邓亚萍是我国乒坛乃至世界乒坛上的神奇选手。自她1986年13岁那年拿到第一个全国乒乓球锦标赛冠军开始，到1997年5月的第44届世界乒乓球锦标赛上，在短短的11年间，一共拿到153个冠军。这不但在中国乒坛，而且在世界乒坛史上都写下了光彩的一页，所有专业人士都声称她是个几千年才出这么一个的超级天才。

在邓亚萍小的时候，为了培养她成才，父亲曾将她送到河南省乒乓球队去深造。然而，去后不久便被退了回来，其理由是个子矮，手臂短，没有发展前途，这在少年邓亚萍的心灵上留下了一道深深的伤痕。令人欣慰的是，在父亲的鼓励下，倔强的邓亚萍并未因此一蹶不振，为了弥补自己与条件优秀的运动员之间的差距，为了改变同伴嘲笑的眼神，她练得更加刻苦。可以这样说，是她本身的不足，成就了乒坛"大姐大"。和人一比较，任何人都能看到自己的差距所在，即使你只比姐妹重了0.5公斤。在人们成长的道路上，更不可能是一帆风顺的，总免不了要经受各种讥讽和困难，"艰难困苦，育汝于成"，"宝剑锋从磨砺出，梅花香自苦寒来"，这些都是许许多多成功人士的经验总结。

哲人说得好，你听到的一切并不完全正确，也不要因他人成功的议论而鄙视、否定自己，否则就会陷入自卑的"心灵监狱"。深陷其中的人们认不清自己身上蕴藏着无穷无尽的潜力，心绪萎靡，不知不觉中成了失败的奴隶。

其实，与其让差距消耗掉你最后一点勇气和自信，倒不如正视它，并把它当作人生奋进的一种积极压力，这种自卑情绪所产生的动力要远比本身的优势更具有强大的效果！现在，就让我们学会自我激励的有效步骤吧！

①大哭一场

专家都说伤心一阵子很有作用。当我们正视自己的弱点时请尽情流泪吧。这并不可耻，流眼泪不只是伤心的表现，而且是悲哀或感情的发泄。

即使悲痛在伤心事发生后一段时间才显露出来，也没有关系，只要能发泄出来就行。

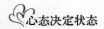

②写日记

许多人把遭逢不幸之后的平复过程逐一记录下来，从中获得抚慰。此法甚至可以产生自疗作用。

③安排活动

要想到人生中还有你所期盼的事；这样想可以加强你勇往直前再创造前途的态度。不妨现在就开始为改变你的弱点做准备。

④学习新技能

当你发现弱点难以弥补时也不用沮丧，找个新嗜好，比如可以学打球。你可以有个异于往昔的人生，可以借新技能赢取你崭新的人生。

⑤奖励自己

在极端痛苦的时刻，在艰苦的奋斗之路上应把完成每一项工作（不论多么微不足道）都视为成就，奖励自己。

我们应该学会和差距过过招，在我们得意忘形取得成绩时，在我们失意痛苦，一蹶不振时，要提醒自己：你距离真正的成功还有那么一段距离呢！为什么要让情绪威胁到你为成功所做出的努力和奋斗呢！这样的话，你还来不及骄傲和消沉就又开赴成功的战场了！

以高尚的心态去做卑微的工作

卑微的工作是用艰苦卓绝的精神忍受的，最低陋的事情往往指向最崇高的目标。

——莎士比亚

　　无论你正在从事什么样的工作，要想获得成功，就不要轻视自己的工作。工作本身没有高低贵贱之分。一个人所做的工作，是他人生态度的表现。一生的事业，就是他志向的体现，理想之所在。没有卑微的工作，只有卑微的工作态度。而工作的态度完全取决于我们自己。我们做的每一件事，都代表了我们的能力和形象，其成败美丑，都会影响人们对你的看法。对一个成功的人来说，工作就是使命。工作没有高低贵贱之分，在你看来最卑微的工作，也是为你服务的。它之所以存在，是因为人们需要它。胡桂萍原来是武汉市国棉三厂的一名女工，因为工厂效益不好，在她 32 岁的时候下岗了。离开工作了多年的工厂，心里像被掏空了一样，每天吃饭睡觉都不是滋味。一天，她上街买菜，看到一个提着木盒子的"擦鞋女"，这吸引了她的目光，激发了她的灵感。她算了一下，要是开家专门的擦鞋店，收入倒挺可观。于是她买了擦鞋的用具，租房在武汉市办起了第一家室内擦鞋店。当时，擦鞋价格是 2 元钱一双，为了吸引顾客，她明码标价 5 角钱一双，顾客络绎不绝。每天都早早地就开门营业，她和另外 4 名员工一刻不停歇，一天下来要擦 300 多双皮鞋，有时忙得连吃饭、喝水的时间都没有。员工下班后，她一个人坚持到晚上 9 点多钟才拖着早已麻木的双腿、毫无知觉的双手回家。当有了一定积累后，她将小店重新装饰了一番，装上空调、饮水机，换上了体面、统一的椅子和鞋箱，贴上了价格表和服务公约，员工统一着装，礼貌服务，并在门面上挂出了"翰皇擦鞋店"的招牌。她说，她是把别人看不起的擦鞋生意做得富丽堂皇。后来，她与人合伙，投资 30 万元注册了"武汉翰皇一元擦鞋有限公司"，自己担任董事长，并欢迎下岗职工加盟，不收加盟费、培训费，只要按"翰皇"的统一模式，规范经营就行。经过几年的飞速发展，翰皇擦鞋公司目前在全国已拥有了 600 多家连锁分店，全国各地近 4000 名下岗职工因此走上了再就业之路。她为解决当地的下岗职工就业的问题做出了很大贡献。是的，补鞋、擦鞋和捡垃圾，看起来似乎都是很卑微的工作，最低陋的事情，但他们通过努力，都实现了自己的目标。他们不只让自己摆脱了困难，还帮助了别人。他们应该成为所有正在做着"卑微"工作的人们的榜样。对待工作的态度，某种程度上体现了人们的心态，记住这句话吧：工作无贵贱。

工作卑微不代表就低人一等，你通过自己的努力奋斗同样可以获得让人羡慕的成绩。从卑微的小事做起，干别人不愿意干的事情。这不是说明你的卑微，而是证明了你的伟大。建国时期的时传祥老人也是捡粪渣的，但他却受到了周恩来同志的亲切接见，那幅握手的画面至今还让我们记忆犹新。

正如台湾女作家杏林子所说：现代社会，昂首阔步、趾高气扬的人比比皆是，然而有资格骄傲却不骄傲的人才是真正的高贵。布克·T·华盛顿出生在弗吉尼亚的一个种植园，母亲是个厨子。他在亚拉巴马的土斯基格创建了世界著名的黑人教育中心。他不仅是黑人运动领袖，打碎奴隶制的枷锁，为他自己和他的种族带来希望和尊严，他还是一个伟大的教育家。他在当时提出关于发展黑人职业教育的思想，对促进美国黑人教育尤其是黑人职业教育的发展有很大影响。他注重实际，注重职业教育，认为黑人更重要的是学会生存的本领，他对美国教育的影响不可忽视，终于成为一位伟大的改革家和教育家。

他在回忆录里，讲述了自己不惜任何代价确保受教育权利的决心。他在煤矿工作的时候，偶尔听到了弗吉尼亚汉普顿学院。他得知盐场和矿山的主人刘易斯·罗夫纳将军家里缺人干活，而他的太太对家里的女奴非常严厉。但他为了能受到教育，还是决定去服侍罗夫纳太太。于是，他便被以每月5元钱的价格雇下了。后来他通过了解罗夫纳太太的生活、性情，并努力做到不让她看到使她恶心的东西。为此，他付出了很多代价，一切的脏活、累活他全做，终于取得了她的信任。罗夫纳太太允许他在部分日子用白天的时间去上一个小时的学，但他大部分时间都是在晚上学习。他下定决心要去汉普顿学习。历经过生活的困苦和饥饿，还有一切的劳累，终于到了他向往的学府。布克·T·华盛顿就这样从农奴开始了他的追求。试问，还有什么样的工作让我们感到卑微。

好岗位、好工作人人趋之若鹜，卑微琐碎的工作人人避之唯恐不及。如果你现在从事的是一种公认的卑微工作，短时间里也没有改变它的能力，那么，正确的办法应该是改变自己的心态，抱着一种化腐朽为神奇，化卑微为高尚的心态去做，会比抱着卑微的心态去做要强无数倍。因为，于人于己，前一种心态都会得出一种好的结果，会引起别人的尊重，后者则不能。查理是一家环保公司的清洁工，从进公司的第一天起，他就开始喋喋不休地抱怨，不是"清洁这活太脏了，瞧瞧我身上弄得。"就是"真累呀，我简直要讨厌死这份工作了。""凭我的本事，做清洁工这活太丢人了！"每天，查理都是在抱怨和不满的心情中度过。他认为自己在受煎熬，在像奴隶一样出苦力。因此，查理每时每刻都窥视着领班的眼神和举动，稍有空隙，他便偷懒耍滑，应付手中的工作。几年过去了，当时与查理一同进公司的三个工友，各自凭着自己的辛勤努力，都有了比较可观的收入。独有查理，仍旧在抱怨声中，做他蔑视的清洁工。由此可见，无论你正在从事什么样的工作，要想获得成功，就不要轻视自己的工作。如果你也像查理那样，认为自己的劳动是卑贱的、鄙视、厌恶自己的工作，对它投注"冷淡"的目光，那么，即使你正从事最不平凡的工作，你也不会有所成就。

工作本身并没有贵贱之分，但是对于工作的态度却有高低之别。一个人所做的工作，是他人生态度的表现。一生的事业，就是他志向的表示，理想的所在。所以，了解你的工作态度，在某种程度上就是了解了你这个人。

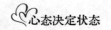

不怯于接受挑战

所谓活着的人，就是不断挑战的人，不断攀登命运险峰的人。

——雨果

她是一位世界纪录的创造者，她成功登上了日本的富士山，她的名字叫胡达·克鲁斯。

这些都不足为奇是吗？那么，如果你有幸活到九十五岁，你也能登上富士山吗？而胡达·克鲁斯的壮举却验证了这个事实。

当别的年届七十的老人，认为到了这个年纪可算是到了人生的尾声，并且开始安排后事时，她——胡达·克鲁斯，却在学习登山。因为她相信：一个人能做什么事不在于年龄的大小，而在于你是否力所能及和对这件事有什么样的看法。于是，在七十岁高龄之际她开始接受登山训练，攀登上了几座世界上颇有名的山，最终以九十五岁高龄登上了日本的富士山，打破攀登此山年龄的最高纪录。

七十岁开始学习登山，这不能不说是一大奇迹。但奇迹是人创造出来的。成功者的首要标志，是他永远以积极的思维去思考问题。一个人如果总是采用积极思维、不怯于接受挑战和应对麻烦事，那他就成功了一半。

一个人能否成功，完全取决于他的态度。成功者与失败者之间的差别是：成功者始终用最积极的思考、最乐观的精神和最有效的经验支配和控制自己的人生。失败者则刚好相反，因为缺乏积极思维，他们的人生是受过去的失败和疑虑所引导和支配的。他们徘徊在失败的阴影里，只能眼看着别人成功。

我们不知道胡达·克鲁斯的近况，也不知道她年轻时的生活状况，但可以肯定的是她是长寿之星，而她的长寿秘密是她从来不把年龄当作逃避的借口的优良心态。

当青春一去不复返，眨眼间到了 40 多岁的时候，不是很多人会这么想吗：40 岁的人了，还追求什么时尚呀？那些玩意儿都是年轻人的事，这辈子就这样了。

每个人都有诸多的遗憾：比如想旅游的人有时间时没有钱，有钱时却又没有了时间；想创业的人有能力时没机会，有机会时却又没了能力；靠体力吃饭的人年轻时用健康换金钱，老了又用钱来买健康等等。但最大的悲哀莫过于心灵归于死寂，总是想：我年龄大了，已不属于这个时代了，不会有属于我的辉煌了！

人到中年，最容易产生这样消极的想法，认为自己这辈子已经步入一个既定的轨道，不再有种种的年轻冲动和欲望，只要安分守己按部就班地走下去就行了。

这种斗志和进取心的消失是最可怕的，它意味着已习惯了自甘平庸与落魄。曾听过这样一个故事：一个算命先生为一个人算他的将来，说这个人 20 多岁时诸多不顺，30 多岁时虽多方努力仍一事无成，那人焦急地问："那 40 岁呢？"算命先生说："那时，你已经习惯了。"

这是一个让人的内心猛然一震的故事，竟有种醍醐灌顶的感觉。而那些曾经努力过、但是没能成功而最终选择了放弃的人，有一种心疼的感受。经过生活一番的磨难之后，难道我们真的要被迫接受一种无奈的现实，麻木不仁地走向人生的终点吗？

"绝不！"我们要在心里大声对自己说。经过这十几年的磨炼，你也许没有取得别人眼中的成功，但这并不意味着自己就完了，就必须放弃。也许你已经把年轻时的万丈雄心收起，知道自己只是一个普通人，只是在做着一些普通事。你的心境归于平和，但绝对不能趋于死寂，要像胡达·克鲁斯老太太那样，设定一些自己力所能及的、切实可行的目标，让自己每时每刻都有一颗积极的心，尽力干好并享受自己手头的每一件事，执着地爬上属于自

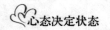

己的高峰。

想建立好心态，就不要轻易下结论否定自己，不要怯于接受挑战，只要开始行动，就不会太晚；只要去做，就总有成功的可能。不要让年龄成为你逃避的借口，年龄只是一个数字，心境却是永恒。

打开想象那扇窗

想象力比知识更为重要。

——爱因斯坦

想象力对一个人良好心态的养成起着至关重要的作用，闲暇时它可以愉悦精神，遇困时它甚至可以拯救生命于危难。某杂志上曾刊登过这样一个故事：一位政客，一位地质学家，一位诗人，三个人是好朋友，一同外出度假时被当地匪徒追杀，他们唯一的逃生之路是要穿越一片人迹罕至的荒漠。为了生存，他们一面提防追匪，一面强忍着干渴和饥饿奔向沙漠。求生的欲望使他们熬过了最初的两天，但当他们停下来休息、面对一望无际的沙漠时，他们有点绝望了，因为不知道还要走多久才能走出去。饥饿和疲劳他们还可以抵御，但没有水喝，使他们生还的希望越来越小，他们明显地感受到了死亡的威胁。

政客郑重地向两位朋友承诺说："如果这时候有人给我们送上一箱矿泉水，我回去后一定让他升官发财。"

地质学家冷静地说："在这荒芜的沙漠，连一个活的动物都找不到，哪里会有人？我们还是现实点吧，寻找水源！"后来根据多年的实地考察经验，他果真在一块地面发现土壤相对比较潮湿，三人立即折断枯枝做工具，朝湿地不停地刨下去，但直到三个人筋疲力尽，仍然找不到水源。

时间在慢慢地流逝，第三天早上，诗人醒来时天刚亮。面对着广袤的荒漠，他实在无计可施，便开始想象：要是我们置身于一大片绿地该有多好啊！沐浴在阳光下，畅饮甜美的山泉，溪流静淌，树叶上的露珠被阳光折射成一颗颗晶莹剔透的珍珠……树叶上的露珠？！诗人突然想起了什么，向一棵树急忙奔去。果然，树上还残留着一些露珠。他立刻叫醒同伴，高喊"我们得救了！"他欢呼跳跃起来。

于是每日的后半夜，他们就想办法啜饮树叶上刚凝结还来不及蒸发掉的露珠。一个星期后，他们出现在荒漠的另一头，而且身体完好，亲人们在为他们活着回来高兴的同时，都为他们竟能徒步穿越这片荒漠的行动感到十分的惊讶和不可思议。诗人挺胸抬头自豪地对人们说："我的想象力救了我们的命！"其实，真正救了他们生命的是诗人的好心态。因为想象力每个人都有，但崇尚实际的人只看重事实，因此在心里不会给想象力留一席之地，也不会去刻意开发利用它；反而是充满了诗性与灵动的人，力争让想象力成为好心态的一部分。他们喜欢想象，在想象的空间里，他们可以预演自己的理想，品味快乐和满足，并且可能在生死攸关的时刻，使想象力成为救自己于绝境的生命之力。

所以不管现实生活如何，我们都不应丧失对美好事物的想象，它是我们在面临困境时与之斗争的动力。与想象力一样可以助我们一臂之力的还有我们与生俱来的创造。充分发挥创造力，不仅可以拥有财富，还会有许多意想不到的东西，一个平凡无奇的人很可能因为适当发挥了创造力而成了某方面的专家。

很早以前看到过这样一个有关"专家"的故事。一个聪明的人决定开始一项冒险活动。他大胆的预测一场万众瞩目的球赛的结局（会有很多人赌

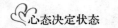

球），他发出一万封信，对其中的 5000 人预测甲队胜利，而对另外的 5000 人预测甲队失败（邮费用不了多少钱，用 E — mail 更便宜）。毫无疑问，无论如何，他总会说对一半。然后下一次，他又开始预测一场新的比赛，这一次他只给上次说对了的那 5000 人发信，不再理会另 5000 人，预言当然还是胜负各占一半；接着再把这个游戏进行下去……经过了四五次后，他已经在一千多人或者数百人中建立了极高的威信，那些人会说："这家伙神了，说得这么准！"他会收到很大的反馈，许多人开始重视他的意见，随着名气的增加，会有新的崇拜者加入队伍中来。

当他认为自己"专家"的威信建立起来以后，便开始收费，然后再继续向上次说对了的人群"预测"。由于"预测"的结果惊人地准确，他的铁杆崇拜者越来越多地付给他报酬。这个家伙成了一个名利双收的大"专家"。这个故事对众多真正的专家颇有不敬之嫌，只是姑妄言之，权作笑料而已。但在这年头，好多队伍中都是鱼龙混杂，良莠不齐，也不能排除一些无真才实学之人披上诱人的外衣，以迷惑众人、牟取私利。

话再说回来，就是真正的专家也难免有失误的时候，尤其是像对未来事件进行预测这种事。

再说，当一个人决心干一件事，经过较充分的准备，下了一定的工夫之后，尽管你原来只是个普通人，现在其实已具备了专家的实力和半个专家的水平，而你没有成见、大胆进取的品质可能正是专家们所欠缺的呢！每一项新发明，人类的重大突破不都是新专家突破老专家的阻力而做出来的吗？

我们可以尊重专家的意见，在他的基础上前进，但千万不要把他看作是不可逾越的高峰，而阻碍了自己的发展。

好心态的一部分是在任何的专家和权威面前都能坚守：只相信不迷信。更多的时候要相信自己，审时度势，下定决心后勇往直前，不断地强调自己的专长，没准你也能成为专家。

好心态让你更聪明

用热爱的态度去做每件事，你会获得你所能得到的最大的财富。

——王绍男

有一个成语叫"大智若愚"，是用来形容那些看起来愚呆，反应迟缓，但能够最终成就事业的大智慧。为什么大智若愚的人能成功呢？仔细观察，你就会发现他们身上往往有一个共同点，就是他们从来都不曾大发雷霆、急急忙忙，一直都心平气和，即使遇到特殊情况，他们也还是一如往常的沉稳，不会乱了方寸。正是他们的沉稳，许多问题才找到了答案。

王维有这样一首诗：

人闲桂花落，夜静春山空。

月出惊栖鸟，时鸣幽涧中。

桂花是一种极小极小的花，人们几乎看不到它的坠落，但诗人却看到了。诗人在这首诗里为我们展示出了一个宁静的世界：静静的夜色、空灵的春山、皎洁的月亮、惊鸣的小鸟，这一切构成了一幅春山静夜图。在这幅图里，我们能看到诗人的观察和感受非常细腻深入，尤其是"月出惊栖鸟，时鸣幽涧中"两句，诗人从鸟的鸣叫之中更感觉到了春山之夜的宁静，因为"鸟鸣山更幽"。我们可以说，王维在这首诗里观察到的都是一些非常细小的变化——桂花的坠落、春山的空灵、月光惊醒的鸟儿。这些变化人们常常都注意不到，王维为什么能观察到呢？这就是因为心态的缘故。诗的开篇有两个字——人闲。什么是"人闲"呢？一般字面的理解就是闲着无事可干。这里的意思更高一层，它指的是人的一种心态。这种心态就是内心宁静，没有烦恼、没有欣喜、没有痛苦、没有悲伤。正是在这种心态之下，王维才看见了别人看不见的细微变化。

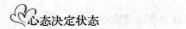

其实，每个人都有过这样的体会，当你心情愉悦放松时，常常会感觉到记忆力增强，想问题时思路清晰，走路时仿佛也比平常脚步更轻快。而心急火燎的办事时，往往会丢三落四，思维模糊，说话的连贯性都没了。

在喧嚣的生活中，当你感到疲惫、感到烦恼或被某个问题难住的时候，你不妨静静地独处一会儿，让身心放松，默默地冥想，或者什么也不想……你会发现，这是一种很有益处的修身养性的方法，也是一种开启智慧和灵感的有效方法。

中国的古人就深谙此道。

洪应明说，夜深人静的时候，独自一人静静地坐下，省视内心，就会排除妄念，显现真我。他说，他常在这种静思中感悟到人生的真谛，既感知了真我、排除了妄念，又深深为自己的作为而感惭愧。

吕坤说，在静思时，可以看清楚自己究竟是一个什么样的人。

李日华则设计了一个美好的沉思环境：打扫干净一间屋子，在里边摆好卧榻几案，点上香，沏好茶，非常清静，没有其他杂物干扰。这时独坐凝想，自然就会感觉到头脑清醒，心胸爽朗，世界上的一切烦恼、俗念、丑恶，都会渐渐消去。

心要实，又要虚。无物谓之虚，无妄谓之实。惟虚故实，唯实故虚。心要小，又要大。大其心能体天下之物，小其心不偾天下之事。

人的心灵既要实在，又要空虚。对世间事物都不执着，这就叫空虚；没有一丝邪妄的念头，这就叫实在。只有心灵清虚空灵，才能观照万物；只有心灵纯真无妄，才能虚己受物。

这种中庸的辩证思想听起来有点太玄妙，却是生活的真理所在。成功者往往都是参透生活之禅的高手，他们懂得冷静地思考。内心不偏执，可以理智地排除杂念，控制不利情绪，喜怒哀乐皆可放置一边，能做到这一点的人很少，因此，成功的人也少。如果在生活中谁历练出了这样的心态，那他也就一定是个成功的人。因为他的好心态让他的智慧有了发挥的空间。

永不放弃，就不会被抛弃

也许个性中，没有比坚定的决定更重要的成分。小男孩要成为伟大的人，或想日后在任何方面举足轻重，必须下定决心，不只要克服心理障碍，而且要在千百次的挫折和失败之后获胜。

——提奥多·罗斯福

与其说这是一个运动冠军的故事，不如说这是一个人生冠军的故事。童年的格兰恩在一场大火中劫后余生，但却被严重烧伤的双腿困在床上，医生确诊他以后"无法正常走路"。对于任何一个渴望自由奔跑和跳跃的小男孩来说，这样的诊断都极其悲惨，更何况是对长跑情有独钟的格兰恩。

起初，格兰恩一家只以为"无法正常走路"就是走路的姿势会很难看，但至少可以走。事实上，烧伤痊愈后纠结的皮肤和萎缩的筋络，使得格兰恩的双腿既不能全蹲也无法直立，想"正常的走路"得靠轮椅，想跑步无异于痴人说梦！

格兰恩更不能接受这个事实，他哭闹、愤怒，拒绝见任何人。他把自己关在房间里，冷静下来之后，仍然有一种让双脚再次触地的渴望和冲动，他半蹲着倚墙站立后，又试着搬动双腿向前迈出一步，就立即被锥心刺骨的剧痛击倒在地，但这一步却给了他一丝希望：他能走！于是，格兰恩和家人制定了一份功能恢复计划，每一次训练都让他痛彻心扉……

就这样，数不清的眼泪和汗水，陪伴他成为奥运会历史上长跑最快的选手之一。他对采访的记者说："一个运动员的成功，强健的体魄只占很小的一部分，大部分靠的是信心和积极的思想。换句话说，你要坚信自己可以达到目标。"他说，"你必须在三个不同的层次上去努力，即生理、心理和精神。其中精神层次最能帮助你，我不相信天下有办不到的事。"

拥有不绝望、不放弃的心态，就能使一个人将自己的弱点积极地转为最强的部分。这种转化的过程有点类似焊接金属：如果有一片金属破裂，经过焊接后，它反而比原来更坚固。这是因为高度的热力使金属的分子结构排列得更为紧密的缘故。

弱者与强者之间的距离的长短，掌握在你自己手里，要超越这段距离，首先必须超越自己。《旧约》中提到这样一个故事，有一个高大的魔鬼总是欺负村里的孩子。一天，一个16岁的牧羊男孩来看望他的兄弟姐妹们。当他知道了魔鬼的事情后，就问他们："为什么你们不起来和魔鬼作战呢？"他的兄弟们一脸惊慌，回答说："难道你没看见他那么大，很难打倒他吗？"但这个男孩却镇静地说："不，他不是太大打不了，而是太大逃不了。"后来，这个男孩仔细观察、研究魔鬼的身体结构和动作特点，设计了一个类似投石器的工具将魔鬼杀死了。他成了人们心中的少年英雄。这个故事中的牧羊男孩没有像其他人一样，只是想魔鬼如何的大、如何的厉害，而是找出他致命的薄弱环节；小男孩没有看不起自己的矮小，力量微弱，而是看到了自己的聪明和灵活，因此充满自信。其实，有很多时候并不是老天不公平，不让我们在生活中有所作为，甚至让我们生活在自认为的痛苦中，而是在任何时候只是一味地肯定别人的优点和处处受挫于自己的缺点。时时刻刻伴随着这种双重打击，怎么能够承受？又怎么能够成功呢？

来自哈佛大学的一个关于成功就业的研究发现，一个人若得到一份自己喜爱的工作，85％取决于他的心态，而只有15％取决于他的智力和所知道的事实与数据。对每一个渴望振翅翱翔的人来说，好心态就是助他鹏程万里的那双翅膀。有一个人在集市上卖气球，他有各种颜色的气球，红的、黄的、蓝的和绿的。每当买的人少的时候，他就放飞一个气球。当孩子们看到升上天空的气球如此漂亮的时候，他们都想买一个。这样，卖气球人的生意又好起来。这个人一直重复着这个过程，一天，他感到有人在拉他的衣服，他转过身来，只见一个可爱的小男孩在问他："如果你放开一个黑色的气球，它也会飞起来吗？"卖气球的人被这个男孩的专注所打动，和蔼地说："孩子，不是气球的颜色使它飞起来，使它飞起来的是里面的气体。"我们的生活也是如此。在生活中，是我们的内心世界在起作用，使我们不断进步的内部动力就是我们永远的优势之一。积极的心态与消极的心态一样，都会对人产生一种作用力，两种力作用点相同，作用方向则相反，这一作用点就是你自己。要成为强者，你必须最大限度地发挥积极心态的力量，以抵消消极心态的反作用力。

既然心态是如此重要，为什么不让自己的心态积极一点呢？让自己保持积极的心态，认真投入、敬业地去做事情，不仅可以超越自我，发挥自己的潜能，而且还可以帮助我们跨越成功的障碍。在某些时候，一切条件似乎都对我们不利，此时要从心理上多发掘自己的优势，能够比别人多投入一些，更积极一些，再坚持一些，从不轻言放弃，成功就离你越来越近，你就会由弱者变为强者。

被击倒的永远是那些懦夫

英雄可以被毁灭，但是不能被击败。

——《老人与海》（海明威）

很多人这样对自己说：我已经尝试过了，不幸的是我失败了。其实他们并没有搞清楚失败的真正含义。

每个人的人生之路都不会一帆风顺，遭受挫折和不幸在所难免。成功者和失败者非常重要的一个区别就是对挫折与失败的看法：失败者总是把挫折当成失败，从而使每次挫折都深深打击他胜利的勇气；成功者则是从不言败，在一次又一次挫折面前，总是对自己说："我不是失败了，而是还没有成功。"一个暂时失利的人，如果鼓起勇气继续努力，打算赢回来，那么他今天的失利，就不是真正的失败。相反的，如果他失去了再战斗的勇气，那就是真输了！美国著名电台广播员莎莉·拉菲尔在她30多年职业生涯中，曾经被辞退18次，可是她每次都调整心态，确立更远大的目标。最初由于美国大部分的无线电台认为女性不能打动观众，没有一家电台愿意雇用她。她好不容易在纽约的一家电台谋求到一份差事，不久又遭到辞退，说她思想陈旧。莎莉并没有因此而灰心丧气、精神萎靡。她总结了失败的教训之后，又向国家广播公司电台推销她的清谈节目构想。电台勉强答应录用，但提出要她在政治台主持节目。"我对政治了解不深，恐怕很难成功。"她也一度犹豫，但坚定的信心促使她大胆地尝试了。她对广播已经轻车熟路，于是她利用自己的长处和平易近人的作风，抓住7月4日国庆节的机会，大谈自己对此的感受及对她自己有何意义，还邀请观众打电话来畅谈他们的感受。听众立刻对这个节目产生了兴趣，她也因此而一举成名。后来莎莉·拉菲尔成为自办电视节目的主持人，并曾两度获得重要的主持人奖项。她说："我被人辞退过18

次，本来可能被这些厄运吓退，做不成我想做的事情，结果相反，我让它们把我变得越来越坚强，鞭策我勇往直前。"如果一个人把眼光拘泥于挫折的痛感之上，他就很难再有心思想自己下一步如何努力，最后如何成功。一个拳击运动员说："当你的左眼被打伤时，右眼就得睁得更大，这样才能够看清敌人，也才能够有机会还手。如果右眼同时闭上，那么不但右眼也要挨拳，恐怕命都难保！"拳击就是这样，即使面对对手无比强劲的攻击，你还是得睁大眼睛面对受伤的感觉，如果不是这样的话一定会失败得更惨。其实人生又何尝不是如此呢？

大哲学家尼采说过："受苦的人，没有悲观的权利。"已经在承受巨大的痛苦了，必须要想开些，悲伤和哭泣只能加重伤痛，所以不但不能悲观，而且要比别人更积极。红军二万五千里长征过雪山的时候，凡是在途中说"我撑不下去了，让我躺下来喘口气"的人，很快就会死亡，因为当他不再走、不再动时，体温就会迅速降低，跟着很快就会被冻死。可不是吗？在人生的战场上，如果失去了跌倒以后再爬起来、在困难面前咬紧牙关的勇气，就只能遭受彻底的失败。

没有理由的人生让人无所适从

支配战士的行动的是信仰。他能够忍受一切艰难、痛苦，而达到他所选定的目标。

——巴金

人们有一种错误的认识：每一个人都对自己的人生持有明确而又坚定的

理由，他们都非常清楚自己活着的目的、作用与价值。其实不然。

很多人仅仅是为了活着而活着，他们说不出更多真正的人生理由。

如果你只是想碌碌无为地度过一生，你的人生是为了活着而活着，那你没有人生理由也无可厚非，但是，如果你想要出人头地，你就需要有自己明确的理由，需要付出超出常人十倍、百倍的努力，否则，你那只是空想，最终什么也不会得到。

一个人成功的一生，需要一个坚强的理由。

因为人生，没有毫无理由的成功，只有毫无理由的失败。

一个成功事业的获得者，必然是一位完美理想的实践者和信念守恒者，无论遇到什么样的困难，陷入什么样的艰难境地，他都会坚强地站起来。他有一个坚强的理由：我必须成功，那是我唯一的出路。

生命力就是这样一个东西："当你将它闲置，它就会越发懒惰，巴不得永远安息才好；当你充分利用它时，它很少会出现令人不满意的状态，即使你将他调动至极限，它亦不懂拒绝；特别是在你把事业的重任放到它的面前时，不必你去提醒，它便会极力地去表现自己。"

只要你给自己一个理由，你的生命就会变得坚强。一个灵魂对上帝说："您派给我一个最好的形象，我将永远崇拜你。"

上帝仁慈地回答："好，你准备做人吧，这是世界上最好的形象。"

灵魂问："做人有风险吗？"

"有，激烈的竞争，成败，贫富以及钩心斗角、残杀、诽谤、夭折、瘟疫……"

"另换一个吧？"

"那就做马吧！"

"做马有风险吗？"

"有，受鞭打，被宰杀……"

"唉，请再换一个吧。"

"老虎？"

"老虎！老虎是兽中王，他一定没风险。"

"不，老虎也有风险，经常被人猎杀，濒临灭绝……"

"啊，上帝，我不想当动物了，植物总可以吧。"

"植物也有风险，树要遭砍伐，有毒的草被制成药物，无毒的草人兽食之……"

"啊，恕我斗胆，看来只有您上帝没风险了，我留下在你身边吧？"

上帝哼了一声："我也有风险，人世间难免有冤情，我也难免被人责问，时时不安……"说着，顺手扯过一张鼠皮，包裹了这个灵魂，将它推下界来："去吧，你做它正合适。"

从此，这个灵魂就变成了一只名字叫米兰多拉的老鼠。

米兰多拉坠入人间之后立即叫苦不迭，悔恨交加。这叫什么世界啊？黑漆漆一片，又脏又臭，一群令人恶心的小动物在腐败的垃圾中蠕动，争抢着一块块烂菜叶子，臭烘烘的鱼骨……

它胃中翻腾，呕吐了起来，这时一只小老鼠走过来，问它："你是新来的，叫什么名字？"

"我叫米兰多拉。"它看看这个陌生的同类，问道"你们是什么？"

"哈哈，你连自己是什么都不知道？傻瓜！"小老鼠走开了。

这时，它才看清楚自己已经完全跟那些动物一模一样了。

它感觉到饥饿，可是看看那些臭东西，它宁愿饿死，也不想去吃。两三天以后，它饿得倒下了，奄奄一息。这时，那只小老鼠又出现了。

"你为什么不吃东西？"

"太恶心了！你们怎么能吃那腐烂发臭的东西？"

"为了活命啊！老鼠之所以生命顽强，千百年一直未被人类消灭，就是因为我们可以在任何一种恶劣的环境下生存。这是鼠类的骄傲啊！"

"我宁可饿死，也决不……"

"你以为饿死很英雄好汉吗？你也看到这里的竞争形势了，如果你失去了反抗能力，大家会把你当作食物活活吃掉的。"

"什么？吃我！"米兰多拉像遭了电击一样，跳了起来。

在小老鼠的引导下，它终于开始寻找东西吃了，开始吃得不多，时而呕吐，后来它渐渐变成了一只强壮的、无所不食的大老鼠，并成了这个脏水井下面的鼠王。

"上帝是有道理的。"米兰多拉每每想到自己和上帝讨价还价时的情景，不无感慨地说，"对于一个什么都不敢去做的软弱灵魂，让它做一次老鼠之后，下次无论做牛、做马还是做人，都将是最优秀的！"

这不仅仅是一个童话，从某种意义上说，这就是残酷的现实。

适者生存，优胜劣汰。在这样的生存环境下，你必须给自己一个坚强的理由。

当年，在拿破仑率领大军，拉着笨重的大炮以及小山一样的弹药、装备穿越阿尔卑斯山时，在敌对的英国人和奥地利人看来是绝对不可能的。

也正是这种绝对不可能的条件下，法兰西大军如同天降，让敌人在目瞪口呆中溃败如山倒。

当你的人生有了一个坚强的理由，你就会所向披靡。这个理由看似简单，但勇往无敌。

第二章

小人物心态做人
低调的状态处世

　　有人倡导以低调的状态处世，这没错，因
为低调可以赢得好感，有利于协调关系、办成
事情。道理似乎人人都懂，但能做到的人并不
多，问题就出在心态上。把自己当成一个小人
物，学会尊重和礼让别人，就能呈现出一副不
卑不亢、有理有据的新面孔。

走好自己的路

走自己的路，让别人说去吧。

——但丁

一个人在一生中总会遭到这样或那样的批评，越是做大事遭到的批评就越多。但你绝不能因为别人的批评，就怀疑自己，只要你确信自己是对的，就该坚定地一直走下去。1929 年，美国发生一件震动全国教育界的大事，美国各地的学者都赶到芝加哥去看热闹。在几年之前，有个名叫罗勃·郝金斯的年轻人，半工半读地从耶鲁大学毕业，当过作家、伐木工人、家庭教师和卖成衣的售货员。现在，只经过了 8 年，他就被任命为美国第四有钱的大学——芝加哥大学的校长。他有多大？ 30 岁！真叫人难以相信。老一辈的教育人士都摇着头，人们的批评就像山崩落石一样一齐打在这位"神童"的头上，说他太年轻了，经验不够；说他的教育观念很不成熟……甚至各大报纸也参加了攻击。

在罗勃·郝金斯就任的那一天，有一个朋友对他的父亲说："今天早上我看见报上的社论攻击你的儿子，真把我吓坏了。"

"不错，"郝金斯的父亲回答说，"话说得很凶。可是请记住，从来没有人会踢一只死了的狗。"是的，没有人去踢一只死狗。别人对你的批评往往从反面证明了你的重要。你的成就引起了别人的关注。所以，在你被别人批评、品头论足、无端诽谤时，你无须自卑，走好自己的路，让他们去说吧。

马修·布拉许当年还在华尔街 40 号美国国际公司任总裁的时候，承认说对别人的批评很敏感。他说："我当时急于要使公司里的每一个人都认为我非常完美。要是他们不这样想的话，就会使我自卑。只要哪一个人对我有一些怨言，我就会想法子去取悦他。可是我所做的讨好他的事情，总会使另外一个人生气。然后等我想要取悦这个人的时候，又会惹恼了其他的一两个人。最后我发现，我愈想去讨好别人，以避免别人对我的批评，就愈会使我的敌人增加，所以最后我对自己说：'只要你超群出众，你就一定会受到批评，所以还是趁早习惯的好。'这一点对我大有帮助。从那以后，我就决定只尽我最大能力去做，而把我那把破伞收起来。让批评我的雨水从我身上流下去，而不是滴在我的脖子里。"

狄姆士·泰勒更进一步。他让批评的雨水流进他的脖子，而为这件事情大笑一番——而且当众如此。有一段时间，他在每个礼拜天下午的纽约爱尔交响乐团举行的空中音乐会休息时间，发表音乐方面的评论。有一个女人写信给他，说他是"骗子、叛徒、毒蛇和白痴"。

泰勒先生在他那本叫做《人与音乐》的书里说："我猜她只喜欢听音乐，不喜欢听讲话。"在第二个礼拜的广播节目里，泰勒先生把这封信宣读给好几百万的听众听——几天后，他又接到这位太太写来的另外一封信，"表达她丝毫没有改变她的意见。"泰勒先生说："她仍然认为，我是一个骗子、叛徒、毒蛇和白痴。"

面对他人的品评、批评，谁都不可能没有压力，关键是看你如何对待。如果你在心里接受了别人的批评，并暗示自己在别人眼里是多么的不完美，被人鄙视。自卑就会像一个影子随时跟着你，影响你。如果你能将别人的不公正的批评置之脑后，继续走自己的路，那么所有的事情都会不攻自破。如果你能对他们笑一笑，受害的人就不会是你。

查尔斯·舒伟伯对普林斯顿大学学生发表演讲的时候表示，他所学到的最重要的一课，是一个在钢铁厂里做事的老德国人教给他的。"那个老德国人进我的办公室时，"舒伟伯先生说，"满身都是泥和水。我问他对那些把他丢进河里的人怎么说？他回答说：'我只是笑一笑。'"

舒伟伯先生说，后来他就把这个老德国人的话当作他的座右铭："只笑一笑。"

当你成为不公正批评的受害者时，这个座右铭尤其管用。别人骂你的时候，你"只笑一笑"，骂人的人还能怎么样呢？

林肯要不是学会了对那些骂他的话置之不理，恐怕他早就受不住压力而崩溃了。他写下的如何处理对他的批评的方法，已经成为一篇文学上的经典之作。在第二次世界大战期间，麦克阿瑟将军曾经把这个抄下来，挂在他总部的写字台后面的墙上。而丘吉尔也把这段话镶了框子，挂在他书房的墙上。这段话是这样的："如果我只是试着要去读——更不用说去回答所有对我的攻击，这个店不如关了门，去做别的生意。我尽我所知的最好办法去做——也尽我所能去做，而我打算一直这样把事情做完。如果结果证明我是对的，那么即使花十倍的力气来说我是错的，也没有什么用。"

别人的批评无论对错，你都无法制止。尤其是你位高权重时，你更需面对这样的舆论。笑一笑，你无需关注太多，更无须为他人的舆论自卑。

做个小人物也不必自卑

当你喜欢你自己的时候，你就不会觉得自卑。

——罗兰

事实证明，世界上只有百分之二的人能够得到了不起的成功，而百分之九十八的人只能是平平常常的普通人。有些聪明能干、有远大抱负的年轻人总是瞧不起那些平凡过日子的人。他们认为这些人"没出息"、"微不足道"、"活得没意思"。当他们发现自己奋斗失败，面对和常人一样平淡无奇的生活，就觉得生活无聊透了，生出了无尽的烦恼。

其实，做一个平凡的小人物也并没有什么不光彩的。生活中我们常常忽略了小人物，可小人物并非愚人蛮者，恰恰相反，多是能工巧匠。人人都有自己的生活方式，小人物没有大人物的辉煌，但却有自己平实的欢乐，我国著名物理学家钱学森是这样用先人的哲理启发他的学生认识这个问题。

当时，有个别学生因专业不对口而思想波动，认为从事火箭导弹事业是大改行，所学非所用，搞不出什么名堂来，白白贻误了青春，当"大科学家"、"大人物"的梦想破灭了，因而，不安心做"专业不对口"的"小人物"。

钱学森了解到这个情况之后，讲了一番富有哲理、幽默风趣的话，产生了很好的效果。他说："我想，当人类还生活在伊甸园的时候，是分不出什么大人物和小人物的。只是人类自然渐渐地感到大家都是一般高低的生活太乏味了，于是，才有人站在了高处，成了大人物。人群里便有了大人物与小人物。

"其实，少数大人物的存在，首先是因为有千千万万不显眼的小人物的衬托而存在的。时常是小人物成就着那些大人物。小人物就像池塘里的水，大人物就像浮出水面香气袭人、亭亭玉立的荷花。试想，没有水，荷花何以生存？

"人们往往只看到少数大人物的作用。实际上，在日常生活和平凡的事业中，小人物比大人物更不可少。虽说不想当元帅的士兵不是好士兵，但是，如果每一个士兵都想当元帅的话，那支军队肯定是无法打仗的。拿破仑再厉害，真正动刀枪的还是成千上万的士兵。"

　　正如钱学森所说，有了小人物的安分，才成就了大人物的辉煌。大人物蓝图一描，众多勤恳的小人物努力为之工作，成绩便被一点一滴地造就出来。成绩辉煌之后，大人物更有了资本，于是靠着一丝思想的灵感，继续推动着世界前进的脚步。

　　一个站在山顶上的人和一个站在山脚下的人，所处的地位虽然不同，但在两者眼中所看到的对方却是同样的大小。所以如果你是一个平平常常的小人物，那就千万不要妄自菲薄，不要自寻烦恼，不要因为仰慕大人物头上的光环而忽略了自己的生活。

虚荣会害了自己

　　虚荣心很难说是一种恶行，然而一切恶行都围绕虚荣心而生，都不过是满足虚荣心的手段。

——柏格森

　　有人为了虚荣不惜"打肿脸充胖子"，外面看上去很"光彩"，但吃苦受罪的还是自己，为了外表的"光彩"而遭受实在的痛苦，这不是很可悲的一件事吗？莫泊桑有一篇关于虚荣心的小说《项链》，女主人公玛蒂尔德和丈夫结婚后，总在幻想自己家里富丽堂皇，摆满了银器，生活优越奢华。虽然丈夫对她百般呵护，疼爱有加，她仍然不能满足于现状。她渴望步入上流社会结交权贵，成为人人羡慕的贵妇。

　　一次偶然的机会，丈夫为她弄到一张舞会的票，由于舞会上有达官显贵的出现，她高兴至极，用家里的积蓄为自己精心定做了一套晚礼服。可是，却没有与之相配的首饰珠宝，她只好去找朋友借，朋友倒是非常客气，让她在自己的首饰盒里随便挑，她选中了一串钻石项链，舞会那天的晚上，她光彩照人，跳了个尽兴。回到家之后，她依然不能忘记自己在舞会上受人追捧的情景，她想要在镜子面前仔细欣赏一下自己迷人的风采，却发现项链不知在什么时候丢了。她吓得魂飞魄散，和丈夫一起找遍了大街小巷仍然一无所获，最后在一家珠宝商人那里看到了和那串项链一模一样的项链，价格却高得吓人。但是为了还朋友的项链，她只好以借贷的形式买下了那串项链。

为此，她付出了十年的青春让丈夫和她一起还那串项链的借款。十年之后，当她再一次和朋友相见时，朋友怎么都认不出她了，因为她看上去比实际年龄老了很多，衣服也穿的破烂不堪，手上的皮肤干涩而粗糙。……十年的苦难她其实没有必要去受，虚荣毁了她，让她为那条项链付出了昂贵的代价。现实中，类似的例子还有很多，许多人因为虚荣吃亏上当，甚至有苦说不出，打掉牙往肚子里咽。小镇里有一个人在家里特怕老婆。可是为了争面子，外人面前他从来都说自己是一家之主，老婆什么事儿都依着他。一天，一个小贩背了一卷地毯沿街叫卖，他和一群邻居在树下纳凉，津津有味地和邻居说着老婆怎么怎么怕他。碰巧这个小贩过来了，小贩把一卷地毯放在他面前，听完他的高谈阔论之后，就开口和他讲生意："大哥，你买一块地毯吧，回去铺在地上又美观又干净，累了往上一躺，都不用脱鞋的。"众人让这个小贩打开地毯看一看，花色确实很漂亮，就劝他买下，他佯装称赞一番，又说有点贵，不买。

小贩把价钱降了一降，他却仍然说贵。小贩和他磨了半天嘴皮子仍然无法动摇他的决心。这时，小贩卷起了地毯，拍拍他的肩膀说："大哥，是怕老婆吧！做不了老婆的主就明说嘛！我不会为难你的。"只见他的脸一下子从耳根红到脸，眼睛瞪得溜圆："谁说的，我老婆在家得听我的，我让她往东，她不敢往西，我做不了她的主，反了她了。到底多少钱？我买了。"小贩一下子眉开眼笑："大哥，看你这么爽快，那就300元了，算便宜卖给你，以后咱俩做个朋友。"就这样，一笔交易完成了。后来，听说他买回去的那块地毯质量差得要命，他被老婆狠狠地骂了一顿，却一声都不敢回。这就是虚荣的结果，为了撑起一个在别人眼里的高大形象，只好自己吃亏受累。人其实没有必要活得那么累，每个人都有自己的人生路，假如人人都让这种虚荣心左右，那么还有什么个性可言，世界会少了多少色彩？如果为了满足自己的虚荣心去出卖自己的灵魂，岂不悲惨？你就是你，我就是我，这个世界比你强的人有很多，比你差的也同样也不少，用心活出一个个性的自我，就是你自身的价值所在。没有必要去为虚荣卖命，因为它会引导你走入歧途，甚至毁了你。

自嘲一下也无妨

自嘲本是后山人，偶做前堂客，醉舞经阁半卷书，坐井说天阔。

——丁元英

人的一生，谁都难免会有失误，谁身上都难免会有缺陷，谁都难免会遇上尴尬的处境。虚荣的人喜欢藏藏掩掩、喜欢辩解。其实越是藏藏掩掩，心理越是失衡；越是辩解，却会越辩越丑，越描越黑，最佳的办法是学会嘲笑自己。

美国著名演说家罗伯特，头秃得很厉害，在他头顶上很难找到几根头发。在他过60岁生日那天，有许多朋友来给他庆贺生日，妻子悄悄地劝他戴顶帽子。罗伯特却大声说："我的夫人劝我今天戴顶帽子，可是你们不知道光着秃头有多好，我是第一个知道下雨的人！"这句自嘲的话，一下子使聚会的气氛变得轻松起来。美国第16任总统林肯长相丑陋，可他不但不忌讳这一点，相反，他常常诙谐地拿自己的长相开玩笑。

在竞选总统时，他的对手攻击他两面三刀，搞阴谋诡计。林肯听了指着自己的脸说："让公众来评判吧，如果我还有另一张脸的话，我会用现在这一张吗？"

还有一次，一个反对林肯的议员，走到林肯跟前挖苦地问："听说总统您是一位成功的自我设计者？""不错，先生。"林肯点点头说，"不过我不明白，一个成功的自我设计者，怎么会把自己设计成这副模样？"这两位伟人有不尽如人意的地方。不过他们并没有遮遮掩掩，否认自己的不足，反而以此来自嘲，既带动了气氛，又显示了智慧，不能不说是一种人格魅力的突显。

某国一位领导人最爱讲一个有关他本人的笑话："有一位总统拥有100个情妇，其中一个染有艾滋病，但很不幸，他分不出是哪一个。另一位总统有100个保镖，其中一个是恐怖分子，但很不幸，他不知是哪一个。"接着他嘲笑自己改革经济所作的努力，"而我有100个经济专家，其中有一个是很聪明的，但很不幸，我却不晓得是哪一个。"

这位领导人趁着别人还来不及说长道短、评东论西时，在谈笑调侃中将自己经济改革中的失误，轻轻松松地说出来，帮助自己摆脱了尴尬难堪的局面。

自嘲是一种特殊的人生态度，它带有强烈的个性化色彩。作为生活的一种艺术，自嘲具有调整自己和环境的功能。它不但能应付周围众说纷纭带来的压力，摆脱心中种种失落和不平衡，获得精神上的满足和成功，还能给别人增添快乐，帮助别人更清楚地认识真实的自己。

人总有一些地方不能与别人相比，如果故意掩盖，反而让别人觉得有笑料可挖，就越想把事情搞明白。这样，自己的压力也就越来越大。与其让别人去挖，干脆自己承认好了，这样既满足了别人的好奇心，又释放了压力。如果再艺术地自嘲一下，别人笑过之后也就不会再去探究什么了。可是，世界上就是有许多人不想承认自己的不足，更不会以自嘲的方式去解脱自己。

伊索寓言里的那只狐狸用尽了各种方法，拼命地想得到高墙上的那串葡萄，可是最后还是失败了，于是只好转身一边走一边安慰自己："那串葡萄一定是酸的。"这只聪明的狐狸得不到那串葡萄，心里不免有些失望和不满，但它却用"那串葡萄一定是酸的"来解嘲，使失望和不满化解，使失衡的心理得到了平衡。

连狐狸都会给自己台阶下，人的聪明才智到哪里去了？虚荣的心让许多人骑虎难下，如果别人不给他梯子，他就不会自己下来，而聪明人的可贵之处在于清楚地知道自己的不足，即使别人不给梯子，自己也可以下来。这个梯子就是自嘲。

素位而行，安分守己

自己是什么就做什么。是西瓜就做西瓜，是冬瓜就做冬瓜，是苹果就做苹果；冬瓜不必羡慕西瓜，西瓜也不必嫉妒苹果……

——蔡志忠

孔子说："君子素其位而行，不愿乎其外。"意思是说，君子安于现在所处的地位去做应做的事，不生非分之想。

素位而行，近于《大学》里面所说的"知其所止"，换句话说，叫做安守本分，也就是人们常说的——安分守己。这种安分守己是对现状的积极适应、处置，是什么角色，就做好什么事。要量力而行，不可好高骛远，"这山望着那山高"，到最后捡了芝麻丢了西瓜，甚至连芝麻也丢了。

人能守本分，才能尽本事。就像小鸟飞翔在天空中，其嘹亮的歌声，为大自然增添了无尽的生气，这就是它们的本分和本事。

作为人，本分是安分守己，本事是发挥能力为人民服务。但是很多人只是想展现自己的本事，希望得到更多人的羡慕和称赞，以满足自己的虚荣心，却不愿守住本分，最终导致人生走向脱序违规。一位年轻人靠卖鱼维持生计。有一天，他一面吆喝，一面环视四周，注意看是否有人来买鱼。突然，一只老鹰从空中俯冲而下，从他的鱼摊叼了一条鱼后立刻转身飞向空中。卖鱼郎生气地大喊大叫，可是，老鹰丝毫不把他放在眼里，最后他只能无奈地看着那只老鹰愈飞愈高、愈飞愈远……

卖鱼郎气愤地自言自语："可惜我没有翅膀，不能飞上天空，否则一定不放过你！"那天他回家时，经过一座地藏庙，他就跪在地藏庙里，祈求地藏王菩萨保佑他变成老鹰，能展翅于天空。从此以后，他每天经过地藏庙的时候，都会进去虔诚地祈祷。

一群年轻人看到他天天向菩萨祈求，就很好奇地议论起来，其中一人说："这位卖鱼的人，每天都希望能变成一只老鹰，可以飞上天空。"另一人说："哎哟，他光傻傻地祈求，要求到何时？不如我们戏弄戏弄他！"大家交头接耳，如此这般，想出一招妙计。

第二天，其中一位年轻人先躲在地藏菩萨像的后面。卖鱼郎如期而来，照样虔诚地祈求、礼拜。这时，躲在菩萨像后面的那位年轻人就说："你求得这么虔诚，我要满足你的愿望，你可以到村内找一株最高的树，然后爬到树上往下跳试试看。"

卖鱼郎一听菩萨显灵了，异常兴奋，忙点头称是。然后就非常欣喜地跑

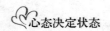

进村里找到一株最高的树，按照地藏菩萨的指示，爬到了树上。那株树实在太高了，他愈往上爬，愈觉得害怕，不过为了像老鹰一样在空中自由的飞翔，他坚持向上爬。

终于，他爬上了树顶，向下看——"哇！这么高！我真的能飞吗？"那群年轻人站在大树底下，故意七嘴八舌地说："你们看，树上好像有一只大老鹰，不知道它会不会飞？""既然是老鹰，一定会飞了！"

卖鱼郎听了心里很高兴，他想：我果然已变成一只老鹰了！既然是老鹰，哪里有不会飞的呢？于是展开双手，摆出展翅欲飞的姿势，纵身一跃，跳了下来。可是，他没有像想象的那样飞向广阔的蓝天，而是飞快地向地面坠落……最后幸好落在水草之中，保住了一条性命。

那些年轻人跑过来，幸灾乐祸地取笑他。他说："你们笑什么？我是两只翅膀跌断了，不是飞不起来啊。"那些年轻人指着他，一个个笑得前仰后合说不出话来。一个人要守本分，才能尽本事，若只想逞能显本事，却没有守好自己的本分，自不量力去做超越自己能力的事，结果就会像这位卖鱼郎一样，自食其果。

所以，不要去妄想什么，只问自己该做什么吧——这就是素位而行，安分守己。

"分"是本分，"己"是指自己活动的范围，安分守己的意思就是指规矩老实，守本分。而在这个日新月异、崇尚物质的时代，又有多少人是规矩老实、坚守本分的呢？越来越多的人不能素位而行，安分守己，他们心存妄想，逞强好胜，只知道羡慕甚至嫉妒别人，最终导致失败，简直是咎由自取。

放下身段才能有机会

海纳百川有容乃大，壁立千仞无欲则刚。

——林则徐

当今社会，生存竞争愈加激烈，真可谓"千军万马过独木桥"，挤得过去就是赢家；挤不过去，轻则落伍，重则落水。但是不挤就有被社会淘汰的危险，所以，即便是一身臭汗，也要拼上一拼，搏上一搏，千万不要站在岸上，自视清高，丧失了大好良机。然而总是有一些人，眼眶子太高，大事干不来，小事不愿干，觉得太丢面子，有失身份，宁可委屈受穷，也不肯放下身段。

人生在世，一定不会事事如意，例如：生意失败、恋爱失败、工作不顺、被羞辱等等，而依各人承受程度的不同，这些不如意也会对各人形成不同的压力与打击，有人根本不在乎，但有些人却会因此一蹶不振。

在人生最阴暗的时候，人如果能坚强地活下来，必然会有一些收获。也就是说，在这种时候，你不要去计较面子、身份、地位，也不要急着出头，这种日子很容易让人沉不住气，但只要沉得住气，只要坚守下去，就有希望，就有机会。

蟑螂是比恐龙还要早就出现在地球上的一种动物，据考证，在三亿五千万年前，它们就出现了。蟑螂被称为是历史上生存能力最强的动物。食品、木头、衣服等等，几乎都可以成为他们的美餐。更让人不可思议的是，在真空下它们可以存活至少十分钟。据说，核爆炸之后，只有它们将是唯一的幸存者。

在人们的印象中，蟑螂不仅散发臭味，还会传播疾病，所以多少年来，大家对待它们的唯一态度就是消灭它们，用各种各样的方法。可结果是，无论我们多么努力，在这个世界的角角落落仍然到处可见它们生龙活虎的身影。

蟑螂的生存能力之强，大概我们很多人也都领教过。也许你有过这样的经历，家里发现了蟑螂，一脚踩下去，明明看见它死了，可过一会儿你再找它的尸体的时候，却发现没了。哪去了呢？也许你不会想到，它又逃走了！

必要的时候，人也应该放下身段，适者生存。其实，人的"身段"是一种自我认同，并不是什么不好的事，但这种"自我认同"也是一种自我限制，如果过于强烈就成了一种虚荣。

有一则这样的故事：一千金小姐随着婢女在饥荒中逃难，干粮吃尽后，婢女要小姐一起去乞讨，千金小姐说："我是小姐"，不愿意去。

这位千金小姐就活活地饿死了。这位千金小姐就是因为拉不下面子，认为自己是堂堂的千金小姐，怎么能伸手去受嗟来之食呢？是面子害了她，是虚荣害了她。

也许这个例子有点过激了，但是现实生活中，很多人就是因为顾及面子而错失了很多机会。比如，博士不愿意当基层业务员，高级主管不愿意主动去找下级职员，知识分子不愿意去做体力工作……他们认为，"君子动口不动手"，如果那样做，就有损他的身份。

其实，这种"身段"只会让人的路越走越窄。并不是说有"身段"的人就不能有得意的人生，但如果在非常时刻，还放不下身段，那么会让自己无路可走。像博士如果找不到工作，又不愿意当业务员，那只有挨饿了；如果能放下身段，那么路就越走越宽。

中国老百姓有句俗话："管他脸不脸，混个肚子圆。"这话虽然有点儿过火，却也不无道理。有一位大学生，在校时成绩非常好，大家对他的期望也很高，认为他必将有一番了不起的成就。

后来，他的确有了成就，但不是在知名企业也不是在政府机关，而是靠卖蚵仔面线卖出了成就。

原来他在毕业后不久，得知家乡附近的夜市有一个摊子要转让，他那时还没找到工作，就向家人借钱，把夜市摊顶了下来。因为他对烹饪很有兴趣，便自己当老板，卖起蚵仔面线来。他的大学生身份曾招来很多不以为然的眼光，但却也为他招来不少生意。他自己倒从未对自己学非所用及高学低用怀疑过。

现在呢？他还在卖蚵仔面线，但也做投资，钱赚得比我们不知多多少倍。

"要放下身段。"这是那位大学生的口头禅和座右铭："放下身段，路会越走越宽。"那位大学生如果不去卖蚵仔面线或许也会很有成就，但无论如何，他能放下大学生的身段，还是很令人佩服的。

"放下身段"比放不下身段的人在竞争上多了几个优势：

能放下身段的人，他的思考具有高度的弹性，不会有刻板的观念，而能吸收各种信息，形成一个庞大而多样的信息库，这将是他的本钱。

能放下身段的人能比别人早一步抓到好机会，也能比别人抓到更多的机会：因为他没有身段的顾虑。

你如果立志做出一番事业的话，首先就要放下你所谓的面子，不去在乎你的地位，不去计较你的身份，保持平和的心态，从零开始准备，只有这样，你的路才会越走越宽广。

你如果想在社会上走出一条路来，那么就要放下身段，也就是：放下你的学历、放下你的家庭背景、放下你的身份，让自己回归到普通人。同时，也要不在乎别人的眼光和议论，做你认为值得做的事，走你认为值得走的路。不要让面子限制了你的出路，人要能屈能伸，放下面子才会更有面子。

贵而不显，富而不炫

持而盈之不如其已；揣而锐之不可长保；金玉满堂莫之能守；富贵而骄，自遗其咎。功遂身退，天之道。

——老子

如果你有才，不要骄傲自满，以为全世界数自己最聪明；同样，如果你有财，也不要恃财自傲。

自古以来，金钱就是一个人身份和地位的象征。有道是"有钱气也壮"，于是，很多富人就常常自以为有了夸耀的本钱，不分场合和地点地炫耀自己，这就是我们常说的"露富"。事实上，一个人不可盲目露富，否则会倾家荡产甚至引来杀身之祸。

有一个成语叫"静水深流"，简单地说来就是我们看到的水平面，常常给人以平静的感觉，可这水底下究竟是什么样子却没有人能够知道，或许是一片碧绿静水，也或许是一个暗流涌动的世界。无论怎样，其表面都不动声色，一片宁静。大海以此向我们揭示了"贵而不显，华而不炫"的道理，也就是说，一个人在面对荣华富贵、功名利禄的时候，要表现得低调，不可炫耀和张扬。沈万三，元末明初人，号称江南第一豪富。原名沈富，字仲荣，俗称万三。万三者，万户之中三秀，所以又称三秀，作为巨富的别号。

沈万三拥有万贯家财，但他却不懂得"静水深流"的道理。为了讨好朱元璋，给他留个好印象，沈万三竭力向刚刚建立的明王朝表示自己的忠诚，拼命地向新政权输银纳粮。朱元璋不知是捉弄沈万三呢，还是真想利用这个巨富的财力，曾经下令要沈万三出钱修筑金陵的城墙。沈万三负责的是从洪武门到水西门一段，占金陵城墙总工程量的三分之一。可他不仅按质按量提前完了工，而且还提出由他出钱犒劳士兵。沈万三这样做，本来也是想讨朱元璋的欢心，没想到弄巧成拙。朱元璋一听，当下火了，他说："朕有雄师百万，你能犒劳得了吗？"沈万三没有听出朱元璋的话外之音，面对如此刁难，他居然毫无难色，表示："即使如此，我依然可以犒赏每位将士银子一两。"

朱元璋听了大吃一惊，在与张士诚、陈友谅、方国珍等武装割据集团争夺天下时，他就曾经由于江南豪富支持敌对势力而吃尽苦头。现在虽已立国，但国强不如民富，这使朱元璋感到不能容忍。更使他火冒三丈的是，如今沈万三竟敢越俎代庖，代天子犒赏三军，仗着富有将手伸向军队。朱元璋心里怒火万丈，但他并没有立即表现出来，在心底决定要找机会治治这沈万三的骄横之气。

一天，沈万三又来大献殷勤，朱元璋给了他一文钱。朱元璋说："这一文钱是朕的本钱，你给我去放债。只以一个月作为期限，初二起至三十日止，每天取一对合。"所谓"对合"是指利息与本钱相等。也就是说，朱元璋要求每天的利息为100%，而且是利上滚利。

沈万三虽然满身珠光宝气，但腹内却没有装多少墨水，财力有余，智慧不足。他心里一盘算，第一天一文，第二天本利2文，第三天4文，第四天才8文嘛。区区小数，何足挂齿！于是沈万三非常高兴地接受了任务。可是回到家里再仔细一算，不由得就傻眼了。第十天本利还是512文，可到第二十天就变成了52万多文，而到第三十天也就是最后一天，总数竟高达5亿多文。要交出如此多的钱，沈万三就是倾家荡产也不一定够啊。

后来，沈万三果然倾家荡产，朱元璋下令将沈家庞大的财产全数抄没后，又下旨将沈万三全家流放到云南边地。这一切都是他不知富不能显、富不能夸，为富要自持、谦恭，才能长久保持富贵的道理造成的。真正有钱的人是从来不露富的，真正有品位有档次的人，都是从来不招摇的。你看比尔·盖茨什么时候炫耀过？你看李嘉诚什么时候显摆过？也只有那些爱慕虚荣不知

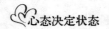

自己几斤几两的人，喜欢戴着粗俗的金项链满大街转悠。

莫以事小而不为

不积跬步，无以至千里；不积小流，无以成江海。

——荀子

每天都要做这些鸡毛蒜皮的事，烦都烦死了，这岂不是浪费生命？难道我宝贵的青春就要在这些小事上消磨殆尽？

很多心高气傲的年轻人都是这样，大事干不了，小事又不愿干，到头来，小的错过了，大的眼睁睁地成了别人的囊中之物。归根到底，是因为这些人不明白，小至个人，大到一个公司、企业，它们的成功发展，都是来源于平凡工作的积累。因此不要看轻任何一项工作，没有人可以是一步登天的。当我们认真对待并做每一件事时，我们会发现自己的人生之路越来越广，成功的机遇也会接踵而来。

人如果能一心一意地做事，世间就没有做不好的事。这里所讲的事，有大事，也有小事，所谓大事与小事，只是相对而言。很多时候，小事不一定就真的小，大事不一定就真的大，大事小事可能很有关联，小事积成大事。关键在做事者的认识能力。那些一心想做大事的人，常常对小事嗤之以鼻，不屑一顾。其实连小事都做不好的人，大事是很难成功的。

先哲们常教我们"勿以善小而不为，勿以恶小而为之"。这是因为先哲们明白，"小事正可于细微处见精神。有做小事的精神，就能产生做大事的气魄。"不要小看做小事，不要讨厌做小事。只要有益于工作，有益于事业，人人都从小事做起，用小事堆砌起来的事业大厦就是坚固的，用小事堆砌起来的工作长城就是强硬的。

有位女大学生，毕业后到一家公司上班，只被安排做一些非常琐碎而单调的工作，比如早上打扫卫生，中午预订盒饭。一段时间后，女大学生便辞职不干了。她认为，凭她的学历，不应该蜷缩在厨房里，而该干更重要的事。可是一屋不扫，何以扫天下？一个普通的职员，即使有很好的见解，通常被重用前也要有一段让人认识你的时间。

一家公司的人事部经理经常感叹每次招聘员工，总会碰到这样的情形：大学生与大专生、中专生相比，大学生的素质一般比后者高。可是，有的大学生自诩为天之骄子，到了公司就想唱主角，强调待遇。可如果真正找件具体工作让他独立完成，却往往又拖泥带水，漏洞百出。本事不大，心却不小，还瞧不起别人，安排他做小事，他又觉得委屈，牢骚满腹。要知道公司招人是来工作、做事的，不成事，光要那大学生的牌子干吗？

现在，社会上有的企业急需人才，而许多大学生却被拒之于门外、不受欢迎。

一般人都不愿意做小事，但成功者与一般人最大的不同，就是他愿意做别人不乐意做的小事情。懂得成大事要从小事做起，要当经理就得从扫地开始的道理。

只要我们每件事都多做一点，每一件别人不愿意做的小事，我们都自愿地去多做一点，我们的成功率一定会高于那些摆空架子的人。一位年轻的女工进入一家毛织厂以后一直从事编织挂毯的工作，做了几个星期之后她再也不愿意干这种无聊的工作了。

她去向主管辞职，无奈地叹气道："这种事情太无聊了，一会儿要我打结，一会儿又要把线剪断，这种事完全没有意义，真是在浪费时间。"

主管意味深长地说："其实，你的工作非常有意义；其实，你织出的很小的一部分是非常重要的一部分。"

然后，主管带着她走到仓库里的挂毯面前，年轻的女工呆住了。

原来，她编织的是一幅美丽的百鸟朝凤图，她所织出的那一部分正是凤凰展开的美丽的羽毛。她没想到，在她看来没有意义的工作竟然这么伟大。在具体的一件工作中，每一件小事都可以算是大事，要想把每一件事做到完美，就必须固守自己的本分和岗位，付出自己的热情和努力。这就是做出了最好的贡献。

许多小事并不小，那种认为小事可以被忽略、置之不理的想法，只会导致工作不完美。美国标准石油公司曾经有一位小职员叫阿基勃特。他在出差住旅馆的时候，总是在自己签名的下方，写上"每桶4美元的标准石油"字样，在书信及收据上也不例外，签了名，就一定写上那几个字。他因此被同事叫做"每桶4美元"，而他的真名倒没有人叫了。

公司董事长洛克菲勒知道这件事后说："竟有如此努力宣扬公司声誉的职员，我要见见他。"于是，洛克菲勒邀请阿基勃特共进晚餐。

后来，洛克菲勒卸任，阿基勃特成了第二任董事长。

也许，在我们大多数人的眼中，阿基勃特签名的时候署上"每桶4美元的标准石油"，这实在是小事一件，甚至有人会嘲笑他。

可是这件小事，阿基勃特却做了，并坚持把这件小事做到了极致。那些嘲笑他的人中，肯定有不少人的才华、能力在他之上，可是最后，他却升任为了董事长。可见，任何人在取得成就之前，都需要花费很多的时间去努力，不断做好各种小事，才会达到既定的目标。

一个人的成功，有时纯属偶然，可是，谁又敢说，那不是一种必然呢？恰科是法国银行大王，每当他向年轻人谈论起自己的过去时，他的经历常会唤起闻者深深的思索。人们在羡慕他的机遇的同时，也感受到了一个银行家身上散发出来的特质。

还在读书期间，恰科就有志于在银行界谋职。一开始，他就去一家最好的银行求职。一个毛头小伙子的到来，对这家银行的官员来说太不起眼了，恰科的求职接二连三地碰壁。后来，他又去了其他银行，结果也是令人沮丧。但恰科要在银行里谋职的决心一点儿也没受到影响。他一如既往地向银行求职。有一天，恰科再一次来到那家最好的银行，"不知天高地厚"地直接找到了董事长，希望董事长能雇用他。然而，他与董事长一见面，就被拒绝了。对恰科来说，这已是第 52 次遭到拒绝了。当恰科失魂落魄地走出银行时，看见银行大门前的地面上有一根大头针，他弯腰把大头针拾了起来，以免伤到路人。

回到家里，恰科仰卧在床上，望着天花板直发愣，心想命运为何对他如此不公平，连让他试一试的机会也没给，在沮丧和忧伤中，他睡着了。第二天，恰科又准备出门求职，在关门的一瞬间，他看见信箱里有一封信，拆开一看，恰科欣喜若狂，甚至有些怀疑这是否在做梦，他手里的那张纸是银行的录用通知。

原来，昨天就在恰科蹲下身子去拾大头针时，被董事长看见了。董事长认为如此精细谨慎的人，很适合当银行职员，所以，改变主意决定雇用他。正因为恰科是一个对一根针也不会粗心大意的人，因此他才得以在法国银行界平步青云，终于有了功成名就的一天。于细微处可见不凡，于瞬间可见永恒，于滴水间可见太阳，于小草间可见春天。如果我们要想成功，就必须沉下心来，脚踏实地从眼前的事做起、从一点一滴的小事做起，这是任何成功者所必须经过的积累与锻炼。

告诉自己不是宇宙的中心

聪明的人有长的耳朵和短的舌头。

——弗莱格

为人处世中，你若总是过于表现自己，把自己当作宇宙的中心，那么别人就会厌恶你、疏远你。生活中，很多人就因为在这个细节上不注意收敛自己而饱受排斥。所以我们要常常检讨自己的行为，别让微小的错误损害自己。

法国哲学家罗西法古说："如果你要得到仇人，就表现得比你的朋友优越吧；如果你要得到朋友，就要让你的朋友表现得比你优越。"当我们的朋友表现得比我们优越时，他们就有了一种重要人物的感觉，但是当我们表现得比他们还优越，他们就会产生一种自卑感，形成嫉妒的情绪。

社会上，那些谦让而豁达的人总能赢得更多的朋友。他们善于放下自己的架子，虔诚、恭敬地对待身边的每一个人。反之，那些妄自尊大、高看自己小看别人的人什么事都爱露一手，仿佛就自己行，对别人不屑一顾，总认为，在这个世界上，唯我最大，舍我其谁，因此，只要是涉及利益重新分配或调整时，他都采取"当仁不让"的态度，因而什么都想沾，什么都想贪，这样的人到最后都受到了人们的鄙视。正如希腊一位叫希尔泰的学者所说的："傲慢始终与相当数量的愚蠢结伴而行。傲慢总是在即将破灭之时，及时出现。傲慢一现，谋事必败。"

有人认为，喜欢表现、张扬自己只是无伤大雅的小节，这种想法真是大错特错了。要知道每个人都希望得到他人的肯定性评价，都在不知不觉地强烈维护着自己的形象和尊严，如果为人处世时过分地显示出高人一等的优越感，目空一切、妄自尊大，那就是在无形之中对对方的自尊和自信进行挑战与轻视，对方的排斥心理乃至敌意也就不知不觉地产生了。

Cinderella 一天辛苦之后酣然入睡。

一位玲珑的天使飞进窗口找上了她，说，聪明的 Cinderella，每个人都应该得到一份适量的聪明和一份适量的愚蠢，可是匆忙中上帝遗漏了你的愚蠢，现在我给你送来了这份礼物。

愚蠢礼物？ Cinderella 很不理解。慑于上帝的威严，她接过天使包中的愚蠢，无可奈何地植入脑中。

第二天，她平生第一次讲话露出了破绽，第一次解题费了心思，她花了一个早晨记住了一组单词，三五天后却忘了将近一半。她痛恨这份"礼物"。深夜，她偷偷地取出了植脑不深的愚蠢，扔了。

事隔数天，天使来检查他自己做的那份工作，发现给 Cinderella 的那份愚蠢已被扔进了垃圾箱。他第二次飞入 Cinderella 的卧室，义正词严地对她说，这是每个人都必须有的配额，只是或多或少罢了，每一个完整的人都应该这样。

不得已，Cinderella 重新把那份讨厌的愚蠢捡了回来。但是，她极不愿意自己变成一个不很聪明的人了。她把愚蠢嵌进头发，不让进入思维，居然骗过了天使的耳目。以后，Cinderella 没有遇上一道难题，她没有考过一次低分，一直保持着强盛的记忆、出色的思维和优异的成绩。

当然，她也没有了苦役获释的愉快和改正差错后的轻松。更奇怪的是，也没有一个同伴愿意与她一起组队去出席专题辩论，因为她的精彩表现使同伴呆若木鸡；也没有哪个人愿意和她做买卖，因为得利赚钱的总是她；也没人与她恋爱，男人们无不怕在她的光环里被对比成傻瓜。连下棋打牌她都十分没劲，来者总是输得伤心。偶尔有一两次她给了点面子，卖个破绽下个软招，也很容易看出是她在暗中放人一马，比她胜了还伤害人的自尊。

她越来越孤独、空乏，真的也希望有份愚蠢了。但是，聪明成性的脑袋，愚蠢是再也植不进去了。她希望能再见上一次天使，可天使已"黄鹤一去不复返"了。

因为只有聪明，Cinderella 在痛苦中熬过单调的一生。

你带着羞怯和歉意告诉世人："大家听着，我知道自己实际上并不这么好，所以我想做得尽量符合你们的要求。"

许多书籍和文章告诉我们应该怎么取悦别人，以得到别人的喜爱。让别人喜欢的方法，就是使自己变得讨人喜欢。所以，你必须顺从别人，不要攻击别人，并且多说别人想听的话。和同事相处的时候，要表现得比较世故；和老同学相处的话，则力求平实。也就是说，在与人相处时要尽量表现出你的谦虚。谦虚，别人才不会认为你会对他构成威胁，才会赢得别人的尊重，从而建立和睦相处的人际关系。

王昆是人事局调配科一位相当得人缘的骨干，按说搞人事调配工作是最得罪人的事，可他却是个例外。但是，在他刚到人事局的那段日子里，在同事中几乎连一个朋友都没有。因为他正春风得意，对自己的机遇和才能非常自信，因此每天都在极力吹嘘他在工作中的成绩，每天有多少人找他请求帮忙等等得意之事。然而同事们听了之后不仅没有人分享他的快乐，反而极不高兴。后来是老父亲一语点破，他才意识到自己的错误。从此，他就很少谈自己的成就而多听同事说话，因为他们也有很多事情要吹嘘。让他们把自己的成就说出来，远比听别人吹嘘更令他们兴奋。后来，每当他有时间与同事闲聊的时候，他总是先让对方滔滔不绝地把他们的成就炫耀出来，与其分享，仅仅在对方问他的时候，才谦虚地表露一下自己。

别把自己摆得太高，为人应该谦逊、自制，这样别人才愿意亲近你，你做事才有帮手。反之，若恃才妄为，高傲自大，人皆远之，你就成了"孤家寡人"了。

妄自尊大和目空一切的结果只能使自己的形象扭曲，在伤害别人的同时也伤害自己。所以注意收敛自己，也是保护自己的一种策略。

第三章

"往坏处想"的心态想事
以练达的状态做事

在待人接物上，有的人显得很幼稚：把人和事想得太好，一旦不如意便觉得似乎天都塌下来，所以跟人交往要么容易吃亏上当，要么动辄得咎。另有一些人则显得成熟老练：能看清人，也总能做对事。古人说"人情练达即文章"，要想写好这样一篇大文章，不妨凡事先往坏处想一想，有了这样的心理准备，就能拥有平和的心态。

学会顺其自然

车到山前必有路，船到桥头自然直。

——民间俗语

一个假日午后，一位母亲带着一家大小到山上赏花。天气分外晴朗，赏花的人好像比山上的花还要多。人影在花丛中攒动，有照相的，有吃东西的，有谈天说地的，信步走着，看在眼里真有趣。

女儿在前头蹦着跳着开道，太阳照着满山的樱花、杜鹃，照着来往穿梭着的赏花的人流，让人不由得感叹生活的美好。

不知何时，女儿扯住妈妈的衣袖，不停地摇动，她的另一只小手指着一丛红艳的杜鹃，说："妈妈，为什么那个花不香？"

母亲愣了一下，但随意答道："哪个花？哦！这是好看的，不太香。"

她不服气也不满意的噘起小嘴说："花都应该是香的嘛！"

回家之后，女儿的声音缭绕在母亲心头，久久不散：花都应该香嘛！究竟这有没有道理？我们不是也常想：男人都该是伟岸君子，女人都该是贤妻良母吗？我们又对不对呢？坐下来，环视满庭花草，静静地想一想：花和草长了一院子，可是杜鹃、山茶、桂花、百合、太阳花、兰花……没有一样是跟别的花草相同的，它们都各有特色。看见迎春花便可以嗅到早春的气息；看见石榴花便知是五月榴花照眼明；桂花和红叶捎来秋意；苍松和蜡梅象征冬寒。

如果我们顺着自然去要求，那么一定可以心满意足；可是，若要在夏天赏梅，春天看红叶，想必会大失所望。人是自然的产物，也和大自然中其他生物一样各具特色，这个人适合统领三军，那个人精于舞文弄墨，各有天赋，各有使命。

人若能知道植物花草的特长，加以妥善运用，不仅能使环境增辉，更能美化生活，增添情趣。人若能像顺应花草的自然天性一样去顺应自己的能力和体力，不在自己力所不能及的事情上强出头，就能营造自己理想中的生活，展现自己理想中的自我。当然每个人都渴望拥有理想的生活，但他们认为主要问题在于生活得过于紧张，让人总觉得生活充满十万火急的紧急情况，似乎一周不工作 90 小时以上，就做不完应该做的事，甚至觉得会比别人少得到什么。

连大多数家庭妇女也感到人生的困惑，她们经常抱怨："除非这房子里只剩我一人，否则它永远都干净不起来！"面对家常琐事，她们表现得过于紧张，从早到晚忙得腰酸背疼，却总有做不完的事——买菜、煮饭、洗碗、洗衣、打扫房间、带孩子……似有一支无形的手枪指着自己的后脑，一个声音命令道："立即收拾好每一个碗碟，折好每一块毛巾……"她们总是暗示自己：情况紧急，必须立即做完每一件事！她们经常责怪家人不主动分担家务，却不考虑他们一天工作后的疲劳。

其实，有许多事情完全不必要立刻做，完全可以放到明天再做。而且某些事情也许不适合你做，这时你完全可以将它忽略掉，给自己一点松弛。应该学会轻松地享受生活。想要做到内心平和、生活愉悦，第一步必须承认：在大多数情况下，人们是在自造紧张情绪，生活原本不必如此忙乱；第二步，试着躺在沙发上懒洋洋地看电视，别担心如此度过周末是在浪费时间。当你学会了从容平静地度日，顺应自然并顺应天性，不去勉强别人，也不强求自己，你会发现事情不照自己的计划进行，地球照样转，生活也照样继续。

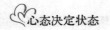

依赖拐杖正是你连连跌倒的原因

命运，不过是失败者无聊的自慰，不过是懦怯者的解嘲。人们的前途只能靠自己的意志、自己的努力来决定。

——茅盾

凌晨三点钟，一位绅士就不停地敲着酒店的门，酒店主人从楼上窗口看出来，十分生气地说："你给我滚开，不管你是谁！这会儿不开门，你别想喝到酒。"

绅士说："谁稀罕你的酒？我是拿我的拐杖来了。你们关门时，我忘记带它了。你知道的，我走路不能没有拐杖，这全世界人都知道的。现在我要回家了，所以请把我的拐杖还给我！"

其实，他把拐杖忘记在酒店里之后，整个晚上都在镇上四处游荡。现在，他想要回他的拐杖，因为"全世界都知道我走路不能没有拐杖"。这个人无疑是可笑的，他并不知道自己可以独立行走，一旦恢复意识，他就要重新依靠自己的拐杖。

很多人的遭遇与他极为相似，一生依赖拐杖，以至于忘记了自己的双腿应有的功能，离开拐杖，便不会行走了。这些人在成长的过程中，遭受了外界的批评、打击，于是奋发向上的热情被自我设限压制封杀，从而导致对失败惶恐不安，甚至习以为常，丧失了信心和勇气。在他们的人生中没有自强自立，只好依赖拐杖度日。

要知道，曾经的失败并不意味着永远的失败，曾经达不到的目标并不意味着永远达不到，你只有放弃手中的拐杖，才能大步迈向人生的目标。

有这样一个故事：穆拉·纳斯鲁汀先生是一位很有灵气的作家，看上去一副风流倜傥的样子，很惹周围女人们的喜爱。婚后15年，他终于因爱上一个比自己小许多的姑娘而同妻子离婚，落得个一无所有。他并不在意，因为他天生是个情种，只在乎爱情，其他一切均不放在心上。他携这位姑娘出外闯荡，在孟买开设一家小公司，是那种经营出版、发行图书刊物的公司。虽然他懂这方面的业务，但他讨厌经营。于是，他把公司里的一切交给了女友，自己在家写书。几年后，公司有了些发展，女友赚了些钱，而他的作品却没人认可。这时，女友认为他无能，提出分手。他带着绝望的心情离开了那位女友，甚至连死的心都有了。经过一番垂死挣扎，他的一位旧友要他去公司帮忙，工资不菲，与此同时，他又有了新的所爱，一位心地善良的公务员。这就像他生命里的一点微光，拯救了他。几番磨难之后，他觉得无论如何也不能失去这一副"拐杖"了，不然的话，他简直没有办法再活下去。

但是，让他没想到的是，他几乎是在同时丢失了工作和新女友。

他真的想一死了之。他不止一次对自己说：纳斯鲁汀先生，你无法再活下去了，死吧，去死吧！

毕竟，死也不是件容易的事。他靠朋友的接济，四处找工作，几乎跑遍了整个孟买，也没找到一份适合自己的工作。这时，纳斯鲁汀真正意识到自己老了，他再也不是那个风流倜傥的知名作家了。他开始重新审视自己的生活，第一次意识到自己应该像个真正男人那样立志发奋。于是，他开始了刻苦努力的创作，他的努力终于得到了回报，一下子签订了几本书的写作合同。

从此，纳斯鲁汀先生再也不相信什么"拐杖"了，他只信奉：把命运紧紧抓在自己手中才是最可靠的！没有什么拐杖是你能够永久依赖的，命运要靠自己把握。倒下去必须重新爬起来才能够寻求自立，大步向前。只把命运紧紧抓在自己手中才是最可靠的，无论对待爱情还是事业。

凡事三思，想想后果

真知灼见，首先来自多思善疑。

——洛克威尔

世事难料，在事情没发生之前，谁都无法预知结果，想太多也没用，再说，吃过了太多瞻前顾后的亏，那如今还想什么？等什么？

曾经听过这样一个故事：一群男孩们总是欺负一位身材矮小、性格怯懦的同伴，他们对他的哀求无动于衷，无情地在他身上发泄着自己的怒气。后来，这个受尽欺侮的小男孩凭着某种特殊的际遇，受到一位世外高人的指点，一下子具有了某种惊人的能力。他像一个复仇天使，让那群以捉弄人、欺侮人为乐的男孩们为自己错误的行为付出了代价。只图眼前一时的快乐，不考虑自己的行为对日后的影响的人注定是不会得到成功的。

真正的专业艺术家，都为自己的事业制定了明确的目标，并围绕着目标，科学地规划自己的工作。他们每做一件事，都会事先考虑这件事的后果对自己的目标有什么影响，如能产生正面的影响，自然会认真去做，若产生负面影响，就要放弃，或者作出适当的调整。

很多人在处理事情时总爱盯着眼前，从不考虑日后的影响，比如在交际过程中，图一时之利，把交际的对象划作三六九等，从而戴上有色眼镜，对那些有权有势或对当前能产生影响的人尊重有加，而对那些小人物或当时看似无关紧要的人却不屑于理睬。比如，办公室里的那位满脸长满粉刺的文书小姐，你对她不屑一顾，可是不久她就被提拔为老板的秘书。再比如，你同事的车子坏了，在你开车路过他面前时，他向你招手，而你正赶着要去参加一个重要的会议而没有顾得上理他，两年后他成为你的主管，如果还想着这事，难免不会给你"穿穿小鞋"。刘易斯的教训就很深刻。他在一家公司任生产部经理时，曾将一位前来推销产品的销售员粗鲁无礼地赶出办公室，当时正赶上他工作太忙，心情不太好。一年后，他再见到那位销售员时，销售员已经转到他的一家大客户那里，在供应部里任职，而且一眼就把刘易斯认了出来。刘易斯心中暗暗叫苦，怕对方报复。果然，那家大客户给他公司的订单渐渐地减少。老板知道了缘由后，把刘易斯调离了生产部。这些事并不是说你在生活或工作中，绝对不能冒犯别人。为了成功，你必须敢于表达自己，敢于陈述自己的观点，不顾某些人的脸色和面子。但是你要注意，争执和分歧必须是为了公司的利益而非个人的利益，再就是要对事不对人，同对方做好沟通，免得对方记恨你。

在处理任何事情时，都有短程的价值和长程的价值。短程和长程的价值有时是一致的，但有时是互相冲突的。你必须要事先考虑其对未来的影响，千万不可只图眼前的利益而做出错误的决定。杨洋选择的第一家公司虽然名气不大，但是从事业的发展来看很有前途，只是薪水和福利待遇居于同行业中等水平。杨洋家庭经济基础差，所以非常渴望得到一份薪水高的工作，好靠银行按揭买一套房子。

一天，有一家公司同他秘密接触，想把他挖过去。当然，开出的条件也很诱人，薪水多一倍，福利待遇也很优厚，但是，这家公司由于不正当竞争而声名狼藉，一些人才都跳槽走了，公司经营每况愈下。他权衡再三，终于忍不住薪水和福利的诱惑，跳槽加入了那家公司。

两年后，那家公司破产了。他因为有了这段不光彩的职场记录，求职时遇到了很大的麻烦。杨洋真是后悔莫及，谁让他当初没有考虑到这一点呢？

衡量你的行为对将来的影响，其实并不困难。你的目标便是衡量的尺度，是你做任何事的指南，只有对目标的达成有促进作用的行动才应该进行，否则就应该放弃。

当你对某件事做出决定时，你要事先考虑对你的目标会有什么影响，如果有悖于你的目标，或者打乱了你的规划，那么，你就不要去做。

当然，随着形势的变化，你的目标也会改变。当你的目标已经发生改变，即使是一点点，你也应该重新审视你目前的行为。为了配合日后你所期望的结果，你应该对你的行为作出必要的调整。否则，你不合时宜的行为必定会对你的将来产生坏的影响。所以，凡事都应该考虑其对未来的影响，才会使你不再犯一些不该犯的错误。而一个少犯错误的人，往往会赢得同事的尊重和上司的青睐，在奋斗拼搏的道路上，走得既稳又快，成功的概率也会大大提高。

你可以把岁月当成一首歌，但绝对不能把人生当成一场游戏。"GAME OVER"以后你还可以将手一挥说：重新开始。人生"OVER"以后你还有如此神力吗？凡事都要三思而后行，想想后果是否在你的承受范围之内，这样你的人生才会无憾无悔。

自我怜悯不解决任何问题

谁有历经千辛万苦的意志，谁就能达到任何目的

——米南德

事业不顺、婚姻不顺、生活不顺……种种不顺一时间都让你碰上了。这时，如果你一味地顾影自怜会觉得自己是天底下最倒霉的人。于是，从此在别人面前或者内心里，你成了一个自怜并需要别人同情的可怜人，于是你变得真的可怜，而那个真实的自己就这样被掩盖起来。

如果你与生俱来的音乐天赋外加你在钢琴上下了 10 年的苦功，使你成

为大众公认的音乐家了，你用你音乐的才能，赚到了进大学的费用；你在大学医科选定了外科的专业，专心研习，希望将来能成为在社会上对患者是一个良好的服务者，同时，你又热心地希望用音乐做你的副业，而对于人类也有服务的机会。然而你正在这样热心地期待着将来的事业成功的时候，你不幸地遭遇车祸，你的双手被撞坏，在你的专业与爱好上都无法发挥作用。这时候，你该怎么办呢？

倘若你除音乐的才能之外，还有演说才能，当对外科与音乐都绝望时，你日夜训练，使自己成为一个演说家、教育家。经过几年的训练和研究之后，你居然做到了，并且赚了很多钱，却在这时候，你又得了严重的胃溃疡住进了医院。经过半年多的时间，病虽然好了，但大病初愈还须休养才能恢复。这时候，你又该怎么办呢？

以上的两个问题，都是梅森先生亲身经历的。上天既赋予梅森先生音乐和演说的才能，同时又赋予他不屈不挠的精神，所以他虽在这两种悲惨的情形之中，却从没有过自暴自弃的念头。虽然在这两种情形之中，他也曾有过失望，这正如一个人倾尽所有投资于一家工厂，等到工厂要开工的时候，正与保险公司洽谈的过程中，忽然半夜被人唤醒，他所有的一切都在半夜的火焰里化为灰烬的情形一样。

但是，自怜是于事无补的，在这时候，他得到了在小时候曾经发生过的一件事情的帮助。他在幼小的时候，他母亲先患伤寒，继之患肺炎，最后又患脑膜炎。医院和医师的记录可以证明在医药史料之中，他的母亲所经过的昏迷状态算是时期最长久者之一。他希望母亲醒过来，认得他，可母亲一直没有知觉。有一天晚上，父亲先后请来了几位医师，都说母亲的病无望了。将近半夜的时候，他们的家庭医师告诉父亲说，母亲的生命维持不到天亮了，让父亲预备后事。他听到这悲惨的消息哭叫一声，跪在父亲的脚边，抱着他的踝骨哭了起来。他的父亲立即抱起他来，要他站着，父亲看见他站也站不住只是哭个不休，于是正色望着他，对他说道："儿啊，这是人类不得不勇敢地站起来去对付的困难事件之一。"

梅森先生在儿童时期，父亲曾有多次对他加以体罚，想给他生活上的教训，但是，在他一生所受到父亲的许多积极的教训之中，无过于在母亲的性命垂危的那夜所得到的。

隔了13年，他被汽车撞坏了双手，对于他理想中的前途完全绝望，他的心不知不觉回到了母亲临危的那夜里，竟忍不住哭了起来。但是他的耳朵里忽然听到父亲的声音："儿啊，这是人类不得不勇敢地站起来对付的困难事件之一。"

多少年以来，梅森先生到处演说，到处播音，他曾遇到了很多的男女老少来他这里畅谈他们的不幸和悲伤，其中有许多人说："实在没办法了，我只得预备自杀！"但是，真的没有办法了吗？事实上不过甘心自弃罢了！掀掉这个自我怜悯的假面具你会发现：还有一个比自己想象中更坚强的自己。

不要让内疚毁了自己

但愿每次回忆，对生活都不感到内疚。

——郭小川

没有一个人是没有过失的，只要有了过失能够决心去修正，即使不能完全改正，只要继续不断地努力下去，尽力而为，也就对得住自己的良心了，徒有感伤而不从事切实的补救工作，那是最要不得的！只要真心在做着补救过失的工作，虽不能完全补救也不要紧。

人很容易被负疚感左右，在人们的思想中，内疚被当作一种有效的控制手段加以运用。

不用说，我们应当吸取过去的经验教训，但绝不能总在阴影下活着。内疚是对错误的反省，是人性中积极的一面，但却属于情绪的消极一面，我们应该分清这二者之间的关系，反省之后迅速行动起来，把消极的一面变积极，让积极的一面更积极。芬利是一位商人，四处旅行，忙忙碌碌。当能够与全家人共度周末时，他非常高兴。他年迈的双亲住的地方，离他的家只有一个小时的路程。芬利也非常清楚自己的父母是多么希望见到他和他的全家人。但他总是寻找借口尽可能不到父母那里去，最后几乎发展到与父母断绝往来的地步。不久，他的父亲死了，芬利几个月都陷于内疚之中，回想起父亲曾为自己做过的所有事情。他埋怨自己在父亲有生之年未能尽孝心。在最初的悲痛平定下来后，芬利意识到，再大的内疚也无法使父亲死而复生。认识到自己的过错之后，他改变了以往的做法，常常带着全家人去看望母亲，并经常同母亲保持密切的电话联系。而母亲也在假日里花些时间同他们待在一起。芬利从错误中吸取了教训，他内疚的感情因而转变成了有益的因素。大家再看一下丽莎是怎么处理的。丽莎的母亲很早便守寡。她勤奋工作，以便让丽莎能穿上好衣服，在城里较好的地区住上令人满意的公寓，能参加夏令营，上名牌私立大学。丽莎的母亲为女儿"牺牲"了一切。当丽莎大学毕业后，找到了一个报酬较高的工作。她打算独自搬到一个小型公寓去，公寓离母亲的住处不远，但人们纷纷劝她不要搬，因为母亲为她作出过那么大的牺牲，现在她撇下母亲不管是不对的。丽莎立刻感到有些内疚，并同意与母亲住在一起。后来她看上了一个青年男子，但她母亲不赞成她与他交朋友，强有力的内疚感再一次地作用于丽莎。

几年后，为内疚感所奴役着的丽莎，完全处于她母亲的控制之下。她成了一个十足的附属品，她对母亲的控制稍感不满，母亲对她施加的压力就会增大。由于感情受到压抑，她的抑制挫折感不断加深，一直到她精神变得麻痹。丽莎被内疚缚住了手脚，而到最终，她因内疚感造成的压抑毁了自己，并为生活中的每一个失败而责怪自己和自己的母亲。当然，处在某种情境之下，我们的头脑被外在因素所控制而不再清醒，不自觉地陷在内疚的泥潭里无法自拔。这时候既需要有人当头棒喝，更需要有直面自己的勇气。

不要压抑负面情绪

对消极的情绪有一个明确的了解，就可以消除它。

——弗农·霍华德

生活中，谁都会有一些不良情绪，如果不断压抑它们，你就会越来越消沉，因此，最好的办法是找一种不伤人的方式把不良情绪宣泄出来，这样你就会重新轻松起来。一天深夜，一个陌生女人打电话来说："我恨透了我的丈夫。"

"你打错电话了。"对方告诉她。

她好像没有听见，滔滔不绝地说下去："我一天到晚照顾小孩，他还以为我在享福。有时候我想独自出去散散心，他都不让，自己却天天晚上出去，说是有应酬，谁会相信！"

"对不起。"对方打断她的话，"我不认识你。"

"你当然不认识我。"她说，"我也不认识你，现在我说了出来，舒服多了，谢谢你。"她挂断了电话。生活中，大概谁都会产生这样或那样的不良情绪。每一个人都难免受到各种不良情绪的刺激和伤害。但是，善于控制和调节情绪的人，能够在不良情绪产生时及时地消释它、克服它，从而最大限度地减轻不良情绪的影响。

不良情绪产生了该怎么办呢？一些人认为，最好的办法就是克制自己的感情，不让不良情绪流露出来，做到"喜怒不形于色"。

但人毕竟不同于机器，强行压抑自己的情绪，硬要做到"喜怒不形于色"，把自己弄得表情呆板，情绪漠然，不是感情的成熟，而是情绪的退化，是一种病态的表现。

那些表面上看起来似乎控制住了自己情绪的人，实际上是将情绪转到了内心。任何不良情绪一经产生，就一定会寻找发泄的渠道。当它受到外部压制，不能自由地宣泄时，就会在体内郁积，危害自己的心理和精神，造成的危害会更大，因此，偶尔发泄一下也未尝不可。

有些心理医生会帮助患者压抑情感，忽略情绪问题，借此暂时解除患者的心理压力。患者便对负面能量产生一定的控制力，所有的情绪问题似乎迎刃而解了。

压抑情绪或许可以暂时解决问题，但是等于逐渐关闭了心门，变得越来越不敏感。虽然你不会再受到负面能量的影响，却逐渐失去了真实的自我。你变得越来越理性，越来越不关心别人。或许你可以暂时压抑情绪，但在不知不觉中，压抑的情绪终将反过来影响你的生活。

面对情绪问题时，心理医生的建议是：如果有人伤害了你，你必须回忆整个过程，不断描述其中的细节，直到这件事不再影响你为止。这样的心理治疗方式只会让感情变得麻木。你似乎学会了压抑痛苦，但是伤口仍然存在，你仍会觉得隐隐作痛。

另外有些心理医生则会分析患者的情绪问题，然后鼓励患者告诉自己，生气是不值得的，以此否定所有的负面情绪。这些做法都不十分明智。虽然通过自我对话来处理问题并没有什么不对，但人不该一味强化理性，压抑感

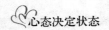

情。因为长此下去，你会发现，你已背负了沉重的心理负担。

　　一个会处理情绪的人完全能够定期排除负面能量，而不是依靠压抑情感来解决情绪问题。敏感的心是实现梦想的重要动力，学会排除负面情绪，这些情绪就不会再困扰你，你也不必麻痹自己的情感。

　　如果你生性敏感，当你学会如何排除负面能量后，这些累积多时的负面情绪就会逐渐消失。此外，你还必须积极策划每一天，以积蓄力量，尽情追求梦想，这是你最好的选择。

　　所以，聪明的人在消解不良情绪时，通常采取三个步骤：首先必须承认不良情绪的存在；其次，分析产生这一情绪的原因，弄清楚为什么会苦恼、忧愁或愤怒；第三，如果确实有可恼、可忧、可怒的理由，则寻求适当的方法和途径来解决它，而不是一味压抑自己的不良情绪。

第四章

自在的心态善对自我
健康的状态享受生活

　　有不少人的生存状态可以用一个"累"字来形容：
追求总是那么多，所得总是不满足，工作事业压力大，
以至身体透支、精神疲惫。我们必须学会卸载心灵上诸
多负重，善待自我，培育一个自在的心态，这样才能以
健康的身心状态发掘和享受生活中的精彩。

简单的生活就是快乐

我视闲暇为所有财富中最美好的财富。

——苏格拉底

一些人常常感叹自己活得累，这其实是由于他们奢求的太多，不断地给自己增加各种负担，结果让自己疲惫不堪，如果能试着放下一些东西，他们就会发现自己会变得更快乐。据说上帝在创造蜈蚣时，并没有为它造脚，但它可以爬得和蛇一样快。有一天，它看到羚羊、梅花鹿和其他有脚的动物都跑得比自己还快，心里很不高兴，便羡慕地说："哼！脚愈多，当然跑得愈快。"

于是，它向上帝祷告说："上帝啊！我希望拥有比其他动物更多的脚。"

上帝答应了蜈蚣的请求。他把好多好多的脚放在蜈蚣面前，任凭它自由取用。

蜈蚣迫不及待地拿起这些脚，一只一只地往身体上贴去，从头一直贴到尾，直到再也没有地方可贴了，它才依依不舍地停止。

它心满意足地看着满身是脚的自己，心中暗暗窃喜："现在我可以像箭一样地飞出去了！"

但是，等它开始要跑步时，才发觉自己完全无法控制这些脚。这些脚噼里啪啦地各走各的，它非得全神贯注，才能使一大堆脚不致互相绊跌而顺利地往前走。

　　为此，它很痛苦，但一点办法也没有，只能后悔当初不该奢求过多，给自己造成极大的负担。生活的道理也是相同的，只有简单着，才能快乐着。"只有简单着，才能快乐着。"不奢求华屋美厦，不垂涎山珍海味，不追名逐利，不扮贵人相，过一种简朴素净的生活，才能感受生活的快乐，一些外在的财富也许不如人，但内心充实富有才是真正的生活。这才是自然的生活，有劳有逸，有工作着的乐趣，也有与家人共享天伦的温馨，自由活动的闲暇，还用去忙里偷闲吗？

　　"浓肥辛甘非真味，真味只是淡。神奇卓异非至人，至人只是常。"有"布衣将军"之称的冯玉祥生活就很简单。1934 年春，蒋介石派孙科来拜访冯玉祥，冯玉祥以家常饭招待，吃的是馒头、小米粥，只有四样小菜。孙科吃得很香，说："我在南京吃的是海参鱼翅，却没有冯先生的饭菜香甜。真怪！"怪吗？在懂得生活的人看来，简单才是生活的真味。

　　睿智的中国古人早就指出："世味浓，不求忙而忙自至。"所谓"世味"，就是尘世生活中为许多人所追求的舒适的物质享受、为人欣羡的社会地位、显赫的名声等等。现代人追求"时髦"、"新潮"、"时尚"、"流行"，像被鞭子抽打的陀螺一样忙碌——或拼命打工，或投机钻营，应酬、奔波、操心……很难再有轻松地躺在家中床上读书的时间，也很难再有与三五朋友坐在一起"侃大山"的闲暇，忙得会忽略了自己孩子的生日，忙得没有时间陪父母叙叙家常……

　　伟大的科学家法拉第，不仅为人类发现了电磁感应，还完成了由磁向电的转化，发现了电磁定律和磁致旋光效应。为此，世界各国给予他 94 个名誉头衔。但他并没有为外物所役，而是坚持着自己的平民作风，简单而快乐地活着，只求从自己的工作中获取快乐。当英国宫廷想封他为爵士，给他加一个贵族的头衔，使他永远摆脱平民的身份时，宫廷每一次派人试探都遭到了拒绝。1857 年英国皇家学会会长班特利勋爵辞职，皇家学会学术委员会一致认为，如果能请德高望重的法拉第教授出来继任会长，那是再理想不过的了。学术委员会派法拉第的好友丁铎尔和几名代表劝说法拉第接受这个职位，因为这是一个英国科学家所能享受的最高荣誉。但法拉第并不追求荣誉。他对丁铎尔说："我是个普通人，到死我都将是个普普通通的迈克尔·法拉第。现在我来告诉你吧，如果我接受皇家学会希望加在我身上的荣誉，那么我就不能保证自己的诚实和正直，连一年也保证不了。"丁铎尔和代表们失望地走了。

过了几年以后，皇家学院院长诺森伯公爵去世，学院理事会又想请法拉第出来当院长，法拉第又一次拒绝了朋友们的好意。

法拉第在他最后的日子里，辞去了皇家学院的职务，住进了英国女王赠送给他终生居住的房子里。他的忠诚的妻子陪伴在他的身边，四只苍老的手常常握在一起，满眼都是笑意，他感谢她，是她为自己付出了终生的辛劳，是她陪自己度过了那些最艰难的时刻，他们的爱情像一颗燃烧的金刚石，持续不断地发出白炽无烟的耀眼的光华长达 46 年之久。他们结合的深度和力量，法拉第认为其重要性"远远超过其他事情"。法拉第度过了自己十分有意义的一生，他对人生已不再留恋，但如果说法拉第还有什么牵挂，那就是不放心妻子，因为他没有给自己的妻子留下多少财产，又怕将来没有人照顾她。也许，你会觉得法拉第傻得可以，自己为世界创造了那么多财富，到最后却还要为妻子的生活发愁。事实上，他身后的所有事情根本无须担忧，因为他简朴的一生，有价值的一生足可以让自己的妻子在以后的日子里幸福地活着，因为，他给妻子留下的是别人永远都无法给予的快乐和慰藉。

以最理想的心态生活

世界上最浩瀚的是大海，比大海更浩瀚的是蓝天，比蓝天更浩瀚的是人的心灵。

——雨果

每个人都是血肉之躯，从物质构成上来看，没有多少区别，但心理上却有区别。因为心理状态的存在，你看到了人们各自脸上的不同反应，不同处事方式以及不同的生活状态，这种心灵的状态就是心态。

今天，科学技术的发展已经使人类登上了月球，在对外部世界的探索中，我们已经走了很远很远，但遗憾的是，我们对内在心灵世界的探索，步子却迈得很慢很慢。通过解剖学家的手，你可以看到每个身体器官，知道它们各自的作用，但解剖学家的手却永远都解剖不了人的心灵，以及这个心灵存在着的巨大力量和包含的丰富心态。

我们每个人都有一颗心灵，每颗心灵的深处都蕴藏着无穷无尽的智慧和能量。

这种智慧和能量将会给你带来一切：它能给你带来灵感，让你有新的发明、新的发现或者写出新的文章和剧本；它还会告诉你关于宇宙的神奇本质，向你展示生命的真正价值，指引你走上通向完美生活的道路；心灵还能帮助你找到理想的伴侣、恰当的事业伙伴或同事；它甚至能在你身处危机时，为你提供一个解决问题的方法。

因此，人一旦学会了开发心灵的智慧和能量，并释放出它的威力，那么，他（她）就会在生活中拥有更多的财富、健康、幸福和快乐。但是，为什么有许多人没有学会开发自己心灵的智慧和能量呢？那是因为他们还没有看清自己心灵的两面性，并适当掌握和运用两面性，这个两面性就是积极心态的一面和消极心态的一面。

积极的心态能充分调动出心灵的巨大能量和智慧，使你的事业、身体和婚姻等都达到一种完美的境界；相反，消极心态则阻碍了心灵能量和智慧的发挥，它会让你四处碰壁，会让你的人生变得黯淡无光。然而，我们每一个人的实际心态并不能简单地划分为积极的和消极的两种，而往往是积极心态中有消极的成分，而消极心态中又有积极的成分。积极心态与消极心态几乎是一对孪生兄弟，密不可分，而我们所要做的，只不过是要掌握好它们的分寸、控制好它们的比重。

人的积极心态是心态的一极，它可以用阳来表示；而消极心态是心态的另一极，它可以用阴来表示。心态的这两极相互激荡，消极心态中有积极心态，积极心态中有消极心态，阴中有阳、阳中有阴，它们相辅相成，从而形成了心态的特征。因此，任何人都不可能只拥有其中的一种心态，任何人在任何时候都同时拥有这两种心态，只不过其中所占比重不同而已。但值得注意的是，它们总是在不停地转变。一个人只有积极心态就会阳气太盛，变得不可控制，就容易冒进，就容易遭受挫折；一个人只有消极心态就会阴气太重，变得极端消沉。自信往前走一步，就变成了狂妄、固执，往后退一步，就变成了自卑；冷静往前走一步，就变成了急躁，往后退一步，就变成了冷漠；紧张恰到好处时，能让我们集中注意力，如果稍微向前走一步，就变成了恐惧，稍微往后退一步，就变成了麻木不仁；勇气是一种积极的心态，但向前走一步，就变成了飞扬跋扈，向后退一步就变成了胆怯……因此，心态最最重要的，是要达到积极与消极心态彼此的和谐。

平衡的心态才是最理想的心态，它的特征就是平和、平淡、平心静气、气定神闲。这种心里没有浮躁，也没有忧郁，没有兴奋，也没有悲观，没有狂妄，也没有自卑，一切都恰到好处。它就像太极图一样，浑融一体。人一旦拥有了这样的心态，他就能打开心灵宝藏的大门，心灵的巨大潜能就会被释放出来；他就能静如止水、动如奔洪，既能够去应对人生的一切艰难险阻，也能够去承受人生的一切成功。

幸福跟着心态走

乐不在外而在心，心以为乐，则是境皆乐，心以为苦，则无境不苦。

——李渔

幸福是一种内心的满足感，是一种难以形容的甜美感受。它与金钱地位都无关，你拥有良好的心态，就可以触摸到它。

一个充满嫉妒的人是不可能体会到幸福的，因为他的不幸和别人的幸福都会使他自己万分难受。

一个虚荣心极强的人是不可能体会到幸福的，因为他始终在满足别人的感受，从来不考虑真实的自我。

一个贪婪的人是不可能体会到幸福的，因为他的心灵一直都在追求，而根本不会去感受。

幸福是不能用金钱去购买的，它与单纯的享乐格格不入。比如你正在大学读书，每月只有七八十元钱，生活相当清苦，但却十分幸福。过来人都知道，同学之间时常小聚，一瓶二锅头、一盘花生米、半斤猪头肉，就会有说有笑，彼此交流读书心得，畅谈理想抱负，那种幸福之感至今仍刻骨铭心，让人心驰神往。昔日的那种幸福，今天无论花多少钱都难以获得。

一群西装革履的人吃完鱼翅鲍鱼笑眯眯地从五星级酒店里走出来时，他们的感觉可能是幸福的。而一群外地民工在路旁的小店里，就着几碟小菜，

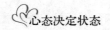

喝着啤酒，说说笑笑，你能说他们不幸福吗？

因此，幸福不能用金钱的多少去衡量，一个人很有钱，但不见得很幸福。因为，他或者正担心别人会暗地里算计他或者为取得更多的钱而处心积虑，许多人都在追求金钱，认为有了钱就可以得到一切，那只是智力障碍者的想法。

其实，幸福并不仅仅是某种欲望的满足，有时欲望满足之后，体验到的反而是空虚和无聊，而内心没有嫉妒、虚荣和贪婪，才可能体验到真正的幸福。湖北的一个小县城里，有这样一家人，父母都老了，他们有三个女儿，只有大女儿大学毕业有了工作，其余的两个女儿还都在上高中，家里除了大女儿的生活费可以自理外，其余人的生活压力都落在了父亲肩上。但这一家人每个人的感觉都是快乐的。晚饭后，两个女儿都去了学校上自习。她们不用担心家里的任何事。父母则一同出去散步，和邻居们拉家常。到了节日，一家人团聚到一块，更是其乐融融。家里时常会传出孩子们的打闹声、笑声，邻居们都羡慕地说："你们家的几个闺女真听话，学习又好。"这时父母的眼里就满是幸福的笑。其实，在这个家里，经济负担很重，两个女儿马上就要考大学，需要一笔很大的开支。家里又没有一个男孩子做顶梁柱，但女儿们却能给父母带来快乐，也很孝敬。父母也为女儿们撑起了一片天空，让她们在飞出家门之前不会感受到任何凄风冷雨。所以，他们每个人都是快乐和幸福的。苏轼说："月有阴晴圆缺，人有悲欢离合，此事古难全。"既然"古难全"，为什么你不去想一想让自己快乐的事，而去想那些不快乐的事呢？一个人是否感觉幸福，关键在于自己的心态。

法国雕塑家罗丹说过："对于我们的眼睛，不是缺少美，而是缺少发现。"生活里有着许许多多的美好、许许多多的快乐，关键在于你能不能发现它。

如果今天早上你起床时身体健康，没有疾病，那么你比其他几百万人更幸运，他们甚至看不到下周的太阳了；

如果你从未尝试过战争的危险、牢狱的孤独、酷刑的折磨和饥饿的滋味，那么你的处境比其他五亿人更好；

如果你能随便进出教堂或寺庙而没有被恐吓、暴行和杀害的危险，那么你比其他三十亿人更有运气；

如果你在银行里有存款，钱包里有票子，盒里有零钱，那么你属于世上百分之八最幸运之人；

如果你父母双全，没有离异，且同时满足上面的这些条件，那么你的确是那种很稀有的地球人。

所以，去工作而不要以挣钱为目的；

去爱而忘记所有别人对你的不是；

去跳舞而不管是否有他人关注；

去唱歌而不要想着有人在听；

去生活就想这世界便是天堂。

这样，你就会发现生活中，其实你也很幸福！

心态健康，身体健康

面对光明，阴影就在我们身后。

——海伦·凯勒

有一句话叫做"心宽体胖"。不妨观察一下现实生活中的人，那些不计较得失，心胸宽广的人往往身体健康，脸上也有光泽，而那些经常发火，什么事都放在心里，内向、偏激的人往往身体瘦弱，还经常生病，正如人们所说的，万病由心起。

一个人应当从小就养成忍耐、平和而安宁的性情，对自己的一切都能乐天知命，使自己的身体始终处于和谐的状态，避开疾病的侵扰。纯洁俭朴的生活、良好的道德和快乐的天性，远胜过医生或药品所能为我们提供的一切。不道德的思想、恶毒的意念以及一切和精神不和谐的东西，都会引起我们身体上的不调，都有可能激发潜藏在我们体内的疾病，或者会降低我们的免疫能力。西方一位心理学家讲述了这样一个故事——他的一位亲戚向一位印度水晶球占卜者卜问吉凶，后者告诉他，他有严重的心脏病，并预言他将在下一个新月之夜死去。

这一消极的暗示进入了他的心灵，他完全相信了这次占卜的结果，他果然如预言所说的那样死了，临死前的一刻，他感佩水晶球占卜的神奇，然而他根本不知道他自己的心态才是死亡的真正原因。这是一个十分愚蠢、可笑的迷信故事。其实这位心理学家的亲戚在去算命之前本来是很快乐、健康、坚强和精力旺盛的，而巫婆给了他一个非常消极的暗示，他接受了它。中国有句古语：信则灵，不信则不灵。消极的暗示使他的心态变得消极起来，他非常害怕，在极度恐惧和焦虑中不停地琢磨自己。他告诉了每一个人，还为最后的了结做好了准备。这种必死无疑的心态终于让他"结束"了自己的生命。中国也有一个类似的故事。一个寺院里住着一个体格健壮、满面红光的和尚。有一天，他突然听见寺庙里的那口钟发出了怪响，声音极其恐怖。

一开始他没有在意，可是到后来，声音越来越响，他的弟子偷偷告诉他："师傅，那口钟的声音听起来很恐怖，是不是寺庙里有鬼怪在作怪啊？"和尚听了也觉得浑身汗毛倒竖，他吓得病倒了。实在没办法，只好请来了巫婆、神汉大做法事。可是，那口钟依然会发出怪响，而且丝毫没有减弱的迹象，巫婆、神汉也说："那个妖怪法术太强，我们实在没有办法了，你还是另请高明吧！"和尚被吓坏了。

　　从那以后，他变得极度恐惧，瘫在床上等死。一天正好有一个朋友来看他，他便将这里的事情说给朋友听。这个朋友听过之后，哈哈大笑。就说："你给我二十两银子，我保证帮你抓到这个妖怪，并且保证你会马上好起来。"和尚半信半疑，但还是给了朋友二十两银子。结果，朋友还没用一天的时间就制服了妖怪，钟不响了，和尚也逐渐好了起来，等他病好之后请朋友来吃饭，便问朋友是怎么制服那妖怪的。

　　朋友才告诉他，根本就没有什么妖怪，是那口钟因为年久被撞出了一个裂口，刮风的时候，裂口处因为风的吹动就会发出奇怪的声音。和尚恍然大悟。这些故事并不夸张，事实证明，心理暗示会给人以错觉，就像医生为哄老太太睡觉时给她一颗维生素说这是一片安定，吃了以后马上就可以睡觉一样。

　　如果你走到船上的一位船员身边，用同情的口吻对他说："亲爱的伙计，你看上去好像病了。你不觉得难受吗？我看你好像要晕船了。"

　　根据他的性情，他要么对你的"笑话"报以微笑，要么表现出轻微的不耐烦。

　　因为一位饱经风浪的水手怎么会晕船呢？

　　而对于另一个乘客来说，如果他缺乏自信，晕船的暗示就会唤醒他头脑中固有的对于晕船的恐惧。也就意味着他真的会变得脸色苍白，晕起船来。

　　我们每个人的内心都有自己的信仰和观念，这些内在的意念主宰和驾驭着我们的生活。暗示一般是无法产生效果的，除非你在精神上接受了它。所以，我们一定要以积极健康的意念来激发出积极健康的心态，只有心态健康了，我们才能有健康的身体。

在平淡中感受生活

生活只有在平淡无味的人看来才是空虚而平淡无味的。

——车尔尼雪夫斯基

人生的内容很多很乱，人的心思太杂太烦，站在繁华的都市街口，东边是金钱，西边是名誉，南边是地位，北边是权力。于是人总是东奔西走，南冲北突，想要的东西太多，眼睛盯着浮华世界里的功名利禄，到死才发现得到的东西很多，丢了的东西更多。生活也有能量守恒定律，追逐的同时，何不找个时间休息一会儿，翻一翻身上的背囊，看你丢了什么没有？有一对青年，婚后的生活美满幸福，并且有了一个可爱的孩子，邻居们都非常羡慕他们。然而，丈夫总觉得自己的家庭与豪门望族相比，显得太土气了。于是，他告别了妻儿老小，终年奔波在外，处心积虑地挣钱。年深日久，妻子感到家庭冷清沉寂，尽管有了更多的钱财，却无异于生活在镶金镀银的墓穴中。孩子长大了，却不知道叫爸爸。后来，爸爸终于回来了，却衣衫不整，垂头丧气，原来他喜欢摆阔，遭遇匪霸被洗劫一空。

当妻子看到丈夫的那一刻，她什么都明白了。

丈夫像孩子似的扑进妻子的怀里，泣不成声地说："完了，一切都完了，我的心血全被那帮匪徒榨尽了，我没有活路了，我的路走完了，我后悔死了。"

妻子满是怜惜地看着丈夫，仔细地听完了丈夫的哭诉，然后，她用手轻抚他的头发，脸上露出了几年来从未有过的微笑，说："你的路曾经走错了，但现在你的心终于回来了。这是我们全家真正幸福生活的开始。只要我们辛勤劳动，安居乐业，幸福还会伴随我们。"

从此以后，夫妻二人带着孩子辛勤劳动，共同经历风雨，用自己的汗水换来了丰硕的成果。尽管他们的生活并不奢华，但爱的心愿充溢着他们的心房，他们重新找回了昔日生活的美好，也懂得了生活真正的趣味。生活需要舒适，没有金钱是不可能达成的，但过分的追逐常会使人丧失理智、感情淡漠、心性冷酷。只有平淡处世，正确对待这些身外之物，才可活得舒心自然，体会活着的真实意图：人生不是只为背负不了的沉重而活，而是为了从背负的沉重里取一点成就让自己感受快乐和幸福。海边小镇有这样一家人，女人长得毫无姿色可言，甚至可以称之为丑，但脸上却始终挂着开心的笑。清晨，天还没亮，她就抱着孩子和男人出去接菜、卖菜，黄昏时，她坐在男人推着的木推车上。

怀里不是搂着她的儿子，就是破箱子破胶袋、草席水桶、饼干盒、汽车轮大包小包拉拉杂杂地前呼后拥把她那起码二百磅的身子围在中心。那男人龇牙咧嘴地推着车子，黄褐色的头发湿淋淋地贴在尖尖的头颅上，打着赤膊，夕阳下的皮肤红得发亮，半长不短的裤子松垮垮地吊在屁股上。每次木推车上桥时，男人的裤子就掉下来，露出半个屁股。可那胖女人还坐得心安理得，常常还优哉游哉地吃着雪糕筒呢！铁棍似又黑又亮又结实的手臂里的小男孩时不时把母亲拿雪糕的手抓过去咬一口，母子俩在木推车上争着吃。脸上尽是笑，女人笑得眼睛更小、鼻更塌、嘴巴更大。

有时她的脸可能搽了粉，黑不黑，白不白，有点灰有点青，粗硬的曲发老让风吹得在头顶纠成一团，而后面那瘦男人就看得那么开心，天天推着木推车，车上的肥老婆天天坐在那儿又吃又喝。有一次不知怎的，木推车不听话地直往桥脚下一棵树冲去，男人直着脖子拼命拉，裤子都快全掉下来了，木推车还是往树一头撞去，女人手中的碎冰草莓撒了她跟小男孩一头一脸。谁知那男人一手丢了木推车，望着车上的母子俩人大笑不止，女人一边抹去脸上的草莓，一边咒骂，一边跟着笑，笑的夕阳红了脸，笑的路人弯了腰。

唉，管什么男的讲风度，女的讲气质，什么人生的理想，生活的目标，什么经济不景气，一家三口，每天快快乐乐地出去卖菜，每天快快乐乐地捡点破烂，然后跟着夕阳回家。

丑成那样，穷成那样，又有什么关系呢？人生无需所求太多，口袋里的票子够花就行。家里的房子温馨就行，追求太高，欲望太高，往往就像打肿脸充胖子，表面看着风光无限，却丢了快乐幸福和自由。

享受快乐和品味痛苦

当你快乐时，你要想，这快乐不是永恒的。当你痛苦时，你要想这痛苦也不是永恒的。

——佚名

一个真正的艺术家，不仅善于享受人生中寻常的赏心乐事，而且还能达到这样一个境界，即一个享受痛苦的境界，痛苦越深，他从中获得的享受越多、越强烈。

痛苦真的可以"享受"吗？几千年来，人们为这个既诱人又令人困惑的问题绞尽脑汁。

最早对这个美学之谜进行完整系统研究的是古希腊的柏拉图。他在《斐列布斯篇》中通过苏格拉底与普洛塔库斯的对话第一次提出了痛感与快感的混合问题。苏格拉底认为像愤怒、恐惧、忧郁、沮丧、哀伤、失恋、妒忌、心怀恶意之类的情感是人类心灵特有的痛感，但这种痛感又充满着极大的快感。他引出荷马《伊里亚特》中的"愤怒惹得聪慧者也会狂暴，它比蜂蜜还要香甜"来证明这个看法。但是他在解释这个现象时是含有错误成分的，因为他把人们看喜剧和悲剧时那种痛感夹杂着快感与"心怀恶意的人在旁人的灾祸中感到快感"这两种截然不同的感情混为一谈，甚至用后者的规律来解释前者，解释一切快感与痛感的混合。

无论何时，人类都应该感谢黑格尔老人，他的话虽然是研究宗教徒心理而不是直接谈艺术的，但却给了我们无限的启迪。

黑格尔在《美学》二卷中曾透彻分析过宗教殉道者的心理，认为殉道者为了天国不惜忍受痛苦和死亡时，他们是把痛苦和对于痛苦的意识和感觉当作真正的目的，在苦痛中愈加意识到舍弃的东西的价值和自己对它们的眷恋，便愈发感到把抛弃它们这种考验强加给自己身上的心灵的丰富。

宗教殉道者的享受痛苦当然与艺术家的享受痛苦不可同日而语，有着本质上的区别，因为前者是舍弃人生，而后者却是最珍爱人生的。但是宗教殉道者的享受痛苦与艺术家的享受痛苦有着形式上的一致性。

换句话说，当人们在人生道路上遇到挫折、感到痛苦时，一般人往往沉溺在痛苦中不能自拔，而一个艺术家却从痛苦中超越出来，他从痛苦的生活中获得了在平静的生活中无法获得的心灵的丰富，他感到他过了双倍的生活，他认为这才是人生的精华，正是他引以为幸、引以为豪的地方。例如小说《黑骏马》中的主人公的内心独白就典型地表现了这种奇特的享受：

直到如今，仍然有人认为，即使失去了这美好的一切；即使只能在忐忑不安中跋涉草原，知道找到自己往日的姑娘的希望渺茫，而且明知她已不再属于自己；即使知道自己只是倔强地决心找到她，而找到她只能重温那可怕的痛苦——他仍然认为，自己是幸福的。因为毕竟那样生活过……哪怕现在正踏在古歌《黑骏马》周而复始、低徊无尽的悲怆节拍上，细细咀嚼着那些应该接受的和强加于自己的罪过与痛苦，他还是觉得，能做个内心丰富的人，明晓爱憎因由的人，毕竟还是人生之幸。

享受痛苦证明了无忧无虑和享乐哲学并不是真正的幸福。

一个人无忧无虑，没有经过现实斗争的洗礼，只能说还处于精神幼年时期，这时的欢乐和幸福是表面的、脆弱的，正如卢梭说的处在自然状态的儿童所享受到的只是不完全的自由。而当一个人成年以后如果仍然养尊处优，无所事事，也只能算作精神上的儿童，这时他的无忧无虑将成为他内心不自由和痛苦的根源。

我国西汉时期枚乘写的一篇著名的赋《七发》，就很典型地说明了这种情况。楚太子长期生活在糜烂的酒色之中，他内心是不自由的，只有冲出宫廷，冲出帝制樊笼，去领略人生道路上的种种艰难，才能最终成为一个正常的人、优秀的人、内心丰富的人，才会觉得自己真正存在过。

生活就是意味着感觉和思索，饱受苦难和享受快乐。我们的感觉思想所包含的内容越是丰富，饱受苦难和享受快乐的能力就越是强大和深刻，我们就生活得越好。一瞬间这样的生活，比醉生梦死、愚昧无知地活上一百年，要有意义得多。我们先得有饱受苦难的能力，然后才会有享受快乐的能力。不知道苦难的人，也就不明白快乐；没有哭泣过的人，也就不会感到喜悦。有些年轻人讲究享乐，但是他们不知道这样的一味追求感观享乐恰恰是以牺牲人生最崇高、最美好的欢乐为代价的。

享受痛苦的原理证明了中国式的"逍遥游"也不是真正的幸福。

中国古代的老庄哲学主张绝圣弃智、无知无欲，主张成年人都返回到婴儿状态，主张无为，主张隐逸，退出熙熙攘攘的人世竞争，喜怒哀乐不入于胸臆，从中获得人与自然的和谐，颐养天年。这就是所谓的"至乐"。这种淡化生命意志的幸福观、至乐观在我国有着深刻的影响。近年来，有不少学者对此也评价甚高。实际上，这是一种消极的幸福观、自由观。按照这种哲学获得的所谓"至乐"并不是真正的最高幸福，而是一种虚假的、至少是片面的不完全的幸福快乐，是一种囿于现实的、无可奈何的幸福。尊重自然规律，获得人与自然的和谐与颐养天年当然也可以说是一种自由、一种快乐，但是这种自由和快乐只是人类全部自由的一部分，而且是相对不重要的一部分，而另一种人与人的矛盾的解决才是更重要的自由。何况天人合一、颐养天年如果以退出人与人的矛盾为代价，那么这种自由本身也犹如建筑在沙滩上，是十分脆弱的，是经不起风浪考验的。

当然，我们讲的享受痛苦也并不是像采尼那样盲目崇拜苦难，自寻苦难。而是在讲：第一，要尊重社会自然的客观规律，即承认人生是无法回避苦难的；第二，更重要的是要善于超越这种苦难，从中获得解脱，要善于去享受这种苦难。这对于一个艺术家和一部文艺作品尤其重要。这是享受痛苦的原理在艺术创作上对我们的又一启示，这个启示告诉我们：简单地表现苦难、暴露苦难并不能造就真正的艺术家和文艺作品。这里不要说那种明显缺乏艺术魅力的伤痕文学、暴露文学、问题小说，就是被一些人视为艺术高峰的现代派作品也常常是宣泄痛苦有余，享受痛苦不足。例如自波德莱尔开创的直接描写丑恶、描写死亡的创作倾向确实已走到了艺术的边缘，有的作品处理得好，可以使人获得享受痛苦的欢乐，读来颇有味道，但弄不好很可能就会背离艺术的根本宗旨，为丑恶而写丑恶，为死亡而写死亡，这样的作品常常只能有哲学上的意义，而很少有艺术上的价值。

对那些具有积极心态的人来说，每种灾难所带来的痛苦都含有等量的或更大的成功种子。

总之，享受痛苦确实是证明一个艺术家的价值的重要标志，但是要正确掌握这个本领，或者说要真正具备这种较高的艺术修养，并不是很简单的。也并不只属于有志于艺术，献身于艺术的青年们。经过心态转化，所有的人都能在享受痛苦的修炼中登上人生的顶峰。

做平凡而真实的自己

善于巧妙地利用自己平庸禀赋的人，常常比真正的卓越者赢得更多的尊敬和名声。

——拉罗什夫科

有几次听见人说："我太平庸了！"不知道他是拿什么和自己相比较？和科学家比知识不足吗？和企业家比资产不多吗？和商人比头脑不够用吗？和某个男士比不够英俊潇洒吗？和哪个女士比不够美丽可爱吗？一个人想要集他人所有的优点于一身，是很荒谬的。一天深夜，心理学家的电话铃突然响起，教授拿起电话，电话那边传来一位男士的声音，那声音气喘吁吁，急不可待："老师，您一定告诉我应该怎么办……"原来，这位男士和教授住在同一幢楼。当晚，他发现儿子仿照他的笔迹在试卷上签名，因为那张试卷的分数不及格。他怒不可遏，拿碗就朝儿子摔去，妻子本来也生儿子的气，见他失常打儿子，又同他争吵起来，儿子负气深夜离家出走了，他担心儿子出事，更担心 15 年的婚姻出现裂痕，惶惑极了。

"我打儿子我也心疼啊！这么晚了我也担心他，可是'严是爱，松是害'啊！我这辈子就是太平庸，太没有出息了，在人前老也抬不起头。不能让儿子以后也走上我这条路，那时后悔就晚了啊！"这位父亲在电话那头唉声叹气，原来症结在这儿！这位父亲的经历和大部分同龄人相似，他与他爱人都没有上过名牌大学，从事的职业也不是热门，由于他属于老实巴交、沉默寡言、小心谨慎的那种人，同时也没有什么突出的才能与技术，公司减员时，因他多年勤勤恳恳地工作，小心翼翼地做人，出于照顾，没有让他下岗，这点照顾，他不知道应该高兴还是应该羞愧。他也有过"下海"的念头，可考虑到他自己不善交际，缺乏手腕，又放弃了这个想法。当他看着以前的同事、朋友，升官的升官，赚钱的赚钱，买楼买车，他为自己不能送儿子去贵族学校念书而羞愧，也为不能带爱人出入各类高档的商场而有愧于心。他的这种心理状态随着年龄的增长而日益增强。

所以，他将自己想获得高学历、高职位、出人头地的人生理想，全都倾注到了儿子身上。他无论如何也不能接受儿子将来也成为一个"平庸的人"！"做个平庸的人很痛苦吗？"教授问道。"那当然，像我这样窝窝囊囊地过一辈子，跟没过一样！"教授没有再说什么，只提出一个要求，让他好好想想，把他认为对自己满意的一些小事写出来，明日带来给他看。电话挂了。

第二天夜里，他按约定的时间来了，从上衣口袋里掏出折得整整齐齐的几页纸，递到教授手里，只见上面写道：

我庆幸我做过这样的事情：

在家里经济最紧张的几年里，我早出晚归、不辞劳苦地工作，将细粮换成粗粮，省下钱和粮票，帮助父母将两个弟弟和一个妹妹拉扯大，让他们有机会读书，现在他们都有了一个好的归宿。

在农村做了两年民办代课教师，直到今天，那些我曾经教过的学生，现在都已经儿女成行了，他们从乡村进城来，碰到我时仍会叫我一声"老师"。有些学生现在过年过节还来看我。

娶了一个温柔贤惠的妻子，她跟我同甘共苦将近20年，对我的平庸毫无怨言。

儿子很懂事，从不向我们要这要那，其实他学习也一直很努力。

公司让我保管仓库钥匙，我从来没有出过差错，保管的货物我心中都有一本明账，随要随取，从未让人久等。

有几个知心朋友，彼此从不互相瞧不起，他们常来家里坐。

父母身体仍然健康，他们一直都很爱我。

……所有的内容都是毫无体系可言，可见，他是有所感而写的，都是些琐碎的事。

教授问他目前心情是否有些变化，他回答说似乎好一些。写着写着，觉得有些道理了，似乎看到了这些小事的另一面。教授笑着回答说："答案已经由你自己找到了。"

教授告诉他最近有家信息公司做社会调查，发现 85% 的女性已倾向于接受平凡而实在的丈夫，想找个万人迷式的或身怀绝技的丈夫简直寥寥无几。这个调查是由一篇笑话引出来的，因为有不少女性在网上发表文章，认为猪八戒比孙悟空更适合做个老公，这反映了姑娘们眼光的一种变化，一种从绚丽归于平凡的现实需求。现代社会，早过了骑士年代，人们更渴望一种自然人性的回归。像这位自愧平庸的父亲，多年来他忽略的自身价值对许多人来讲，是多么不可或缺的啊！他曾经教书育人，俗话说，"十年树木，百年树人"，他的功劳不可忽视，他的学生感激他；他曾经帮助家庭渡过难关，扶助弟妹成长，他的父母弟妹爱他会比爱一个有钱而没人情味的人多上几百倍；他一直以来忠诚、真挚地对待妻儿，难道这不是他能给予他们最好的礼物吗？

教授劝他将人生价值的目标从高不可攀的尺度上，降到一个更合乎自身实际的位置，尤其是对儿子的期望，不必定得那么高，人世间哪能有不许回落、不许起伏、只能成功不能失败的道理呢？何况考试成绩有太多的主观因素，最好给孩子更多的鼓励，要想让他成为家长希望的人，就照所希望的样子去表扬他，这一点每个人都不应该忘记！希望自己更有钱，渴望得到更高层次人的尊敬，想把生活品质提高到更高一个档次，并没有错。但如果物质上达到小康，精神上健康快乐，即使算不上"成功人士"，当不成"资本家"，即便做社会上平凡的一分子，又有什么可以痛苦的呢？他上班恪尽职守，下班后有一个温馨的小家，钱不多而够用，社会知名度为零却有爱自己的亲人和可以谈心的几个好友，也是一种幸福呀！所以，不必为不能送儿子进贵族学校、不能送妻子珍珠翡翠而愧疚，因为生活不仅仅由这些组成。儿子一次优异的成绩、妻子一个舒心的微笑、朋友一次意外的拜访，这些不都是幸福的时刻吗？

很多人不愿承认自身的真正价值，是很多精神和心理问题的潜在原因。一位教育家曾经说过："没有比那些不肯承认自己的人更痛苦的了。"

对此，让我们来谈谈所谓平凡的问题。人生是多种多样的，不能只用"伟大"和"平庸"两个词来形容。在专业化日益提倡的今天，人的分工越来越细，人的才能的分化也越来越明显，在某一领域的专家，在许多其他领域往往是一窍不通。所以，平凡人士并不是在生活空间的每一部分都显得平淡无华。正因如此，没有发现自己潜能的"平凡人士"只要发现自己"平凡"的潜能就能生活得很快乐，甚至比没有好心态的所谓"成功人士"更快乐。

威廉·詹姆斯说："一般人只发展了10%的潜在能力。跟我们应该做到的相比，等于只醒了一半。对身心两方面的能力，我们也只用了很小的部分。事实上，一个人只等于活在他极有限的空间的一小部分，他具有各式各样的能力，却很少懂得怎么去利用。"

平凡中有快乐，平凡中也充满了希望。

有张有弛才能持久

光勤劳是不够的，蚂蚁也非常勤劳。你在勤劳些什么呢？有两种过错是基本的，其他一切过错都由此而生：急躁和懒惰。

——卡夫卡

养生之道在于一张一弛，琴弦绷得过紧会断掉的，人也一样，不能始终处在劳累之中。

现在人的生活方式可以用"疯狂"两个字来形容。无论是工作、教育孩子、做家务，有些人还参与社会活动、健身运动、慈善活动等等，都让我们忙乱不已。我们都希望能十全十美，做个好公民、好伴侣、好父母、好朋友。只要有可能，我们还希望生活中有点意外刺激。问题在于我们每个人一天只有二十四个小时，我们能做的事就只有那么多。除了这些之外，现代生活中更有许多推波助澜的工具，例如科技与更高层次的发明。电脑、高科技产品的发明使我们的世界"缩小"了，相对的，时间也不够用了。我们做任何事都比以前快多了，也使我们都变得没有耐性，任何事都要速成。有一些人，不过在快餐店中等了三分钟就大呼小叫，或是电脑开机的过程慢了一两秒就等不及了。当我们在等红绿灯或飞机晚点时急得团团转，完全忘了我们现今所搭乘的交通工具已经非常舒适又快捷了。不要忘了我们的生活已经变得越来越好了，着急的时候，抬头看看天。

一味地赶个不停，会让自己无法在所做的每件事情中获得快乐与满足，因为我们的重心不在此刻，而是在下一刻，所以难免总是有点力不从心的感觉。

保持清醒状态比让自己保持清醒还重要。这一点带给我们生活丰富的感受，是平时急急匆匆时所感受不到的，会带来神奇的效果。保持清醒的状态不但带来许多的好处，同时能让我们体会到真正的满足感。

其实，大部分人都在获得成功：找到了较好的工作、打赢官司、公司的职位上升、有一个幸福的家、假期旅游或任何好事临头，这些都是生命中的好事，也可以一直将焦点集中在这些大事上，做完这件做那件，好了还要更好。也许你在追求更好更多的同时，丧失了从日常生活中获得快乐的机会——美丽的笑容、欢笑的孩子、简单的善行、与爱人共享晨曦落日，或是一起欣赏秋天的树叶如何改变颜色等等。

如果一天做六件事，却因为时间不够，每件事都匆忙潦草地做完，倒不如一天只做三件事，让自己从容不迫地做好每件事，使自己有心情享受生活中点点滴滴的小事。当然赶时间有时是生命的一部分，是不可能完全避免的，有时在同一段时间还可能要应付几个人，无论如何，这样的情形都有个人的因素。如果警觉到自己有急匆匆的倾向，就慢下脚步来，抬头看看天，想想生活中美丽的小事，让自己的心平静下来。如果能放慢脚步，即使只是慢一点点，你就会发现许多单纯的快乐。

不可否认，生命中最美好的事很多都是最简单的，虽然不见得都是免费的，但也大多数是免费的事。用不着怀疑，找到一种单纯的快乐能让你的生活更愉快、更平静。

简妮就有这种单纯的快乐，并足以作为典范。每一年，她都会在后院种几簇玫瑰，那种紫红色的。没见过有谁像她那样热爱玫瑰的。一天中有好几次，她会走去看这些花，有时嘴上还会说："谢谢你们长得这么美，我喜欢你们……"她用爱心浇水灌溉这些有如奖赏的花。时节到了的时候，她会将花剪下来，放在家中，让每个人欣赏。有朋友来时，她会送他们一束玫瑰花，这也让她和朋友分外满足。

你可以想象得出，这个单纯的快乐不只是让她家院子或房间变得美丽而已，更使得她的朋友的生活也变得非常快乐而有意义，那种价值绝非一束花所能比拟的。从某个角度来说，那些花就有如她生活中的守护神一样，她渴望看到它们、照顾它们。当她想到花儿时会微笑，相信花儿让她保持了洞察生命的能力。她并不会将这种单纯的快乐当作鼓舞任何人的动机，但她看到它们在周围人身上也有了很好的影响。人们懂得她是为了某种单纯的事而快乐，看得出她的感恩的心情，使他们拥有了同样的感恩心情。

简妮也有忙碌的工作，但她努力不让自己像陀螺一样"疯狂"地转个不停，而是懂得忙里偷闲。其实静下心来想想，每个人都会找到一些单纯的快乐。例如，在灯下捧一本喜欢的书，一个人静听自己喜欢的音乐，到附近的公园走走，坐公交车给身旁的人让个座，这些简单的事都能带给我们快乐。我们享受的快乐越多，越能有达观的胸襟，活得越有滋有味！

从"疯狂的忙碌"中解脱，每个人至少能找到一两件单纯的快乐。无论是和老朋友聊天，或散步、兜风，甚至逛商店，对你都有非凡的意义，你的生活品质也会因此提高。

不要不顾一切一味地努力前冲，要时常停下来，反省我们的方向是否正确。事业不能仅靠拼劲，还需要停下来思考。休息是为了让我们的灵魂能够追得上我们的身体。

身心过于劳累，不懂一张一弛之道，就是把心灵与身体割裂开来，心中的罗盘必将失灵。此时，无论你付出多少，也会因茫无目标而徒劳无功，身体反而会被无数的困扰所埋葬。

得失随意

一个人快乐不是因为他拥有得多，而是因为计较得少。

——牛根生

清代红顶商人胡雪岩破产时，家人为财去楼空而叹惜，他却说："我胡雪岩本无财可破，当初我不过是一个月俸四两银子的伙计，眼下光景没什么不好。以前种种，譬如昨日死；以后种种，譬如今日生吧。"胡雪岩的这种得失心当数"糊涂之极"，然而，失去的已经不再拥有，再去计较又有何用？

所以，还是糊涂一点好。

人生的许多烦恼都源于得与失的矛盾。如果单纯就事论事来讲，得就是得到，失就是失去，两者泾渭分明，水火不容。但是，从人的生活整体而言，得与失又是相互联系、密不可分的，甚至在一定程度上，我们可以将其视为同一件事情。我们不认真想一想，在生活中有什么事情纯粹是利，有什么东西全然是弊？显然没有！所以，智者都晓得，天下之事，有得必有失，有失必有得。山姆是一个画家，而且是一个很不错的画家。他画快乐的世界，因为他自己就是一个很快乐的人。不过没人买他的画，因此他想起来会有些伤感，但只是一会儿。

"玩玩足球彩票吧！"他的朋友劝他，"只花 2 美元就可以赢很多钱。"

于是山姆花 2 美元买了一张彩票，并真的中了彩！他赚了 500 万美元。

"你瞧！"他的朋友对他说，"你多走运啊！现在你还经常画画吗？"

"我现在就只画支票上的数字！"山姆笑道。

山姆买了一幢别墅并对它进行一番装饰。他很有品位，买了很多东西：阿富汗地毯，维也纳柜橱，佛罗伦萨小桌，迈森瓷器，还有古老的威尼斯吊灯。

山姆很满足地坐下来，他点燃一支香烟，静静享受他的幸福，突然他感到很孤单，便想去看看朋友。他把烟蒂往地上一扔——在原来那个石头画室里他经常这样做——然后他出去了。

燃着的香烟静静躺在地上，躺在华丽的阿富汗地毯上……一个小时后，别墅变成火的海洋，它被完全烧毁了。

朋友们很快知道这个消息，他们都来安慰山姆。"山姆，真是不幸啊！"他们说。

"怎么不幸啊？"他问。

"损失啊！山姆你现在什么都没有了。"朋友们说。

　　"什么呀？不过是损失了 2 美元。"山姆答道。在人生的漫长岁月中，每个人都会面临无数次的选择，这些选择可能会使我们的生活充满无尽的烦恼和难题，使我们不断地失去一些我们不想失去的东西，但同样是这些选择却又让我们在不断地获得，我们失去的，也许永远无法补偿，但是我们得到的却是别人无法体会到的、独特的人生。因此面对得与失、顺与逆、成与败、荣与辱，要坦然待之，凡事重要的是过程，对结果要顺其自然，不必斤斤计较，耿耿于怀。否则只会让自己活得很累。

　　俗话说"万事有得必有失"，得与失就像小舟的两支桨，马车的两只轮，得失只在一瞬间。失去春天的葱绿，却能够得到丰硕的金秋；失去青春岁月，却能使我们走进成熟的人生……失去，本是一种痛苦，但也是一种幸福，因为失去的同时也在获得。

　　一位成功人士对得失有较深的认识，他说：得和失是相辅相成的，任何事情都会有正反两个方面，也就是说凡事都在得和失之间同时存在，在你认为得到的同时，其实在另外一方面可能会有一些东西失去，而在失去的同时也可能会有一些你意想不到的收获。

　　人之一生，苦也罢，乐也罢，得也罢，失也罢，要紧的是心间的一泓清潭里不能没有月辉。哲学家培根说过："历史使人明智，诗歌使人灵秀。"顶上的松阴，足下的流泉以及坐下的磐石，何曾因宠辱得失而抛却自在？又何曾因风霜雨雪而易移萎缩？它们踏实无为，不变心性，方才有了千年的阅历，万年的长久，也才有了诗人的神韵和学者的品性。终南山翠华池边的苍松，黄帝陵下的汉武帝手植柏，这些木中的祖宗，旱天雷摧折过它们的骨干，三九冰冻裂过它们的树皮，甚至它们还挨过野樵顽童的斧斫和毛虫鸟雀的啮啄，然而它们全然无言地忍受了，它们默默地自我修复、自我完善。到头来，这风霜雨雪，这刀斧虫雀，统统化作了其根下营养自身的泥土和涵育情操的"胎盘"。这是何等的气度和胸襟？相形之下，那些不惜以自己的尊严和人格与金钱地位、功名利禄作交换，最终腰缠万贯、飞黄腾达的小人的蝇营狗苟算得了什么？且让他暂时得逞又能怎样！

人生中，得与失，常常发生在一闪念间。到底要得到什么？到底会失去什么？仁者见仁，智者见智。不可否认的是，人应该随时调整自己的生命点，该得的，不要错过；该失的，洒脱地放弃。

不要以太过认真的态度计较得失，人生才能有更多的风景呈现。

感受生命的乐趣

只要生活有情趣，我们将不会老是踩在马路上的香蕉皮上。

——卡耐基

当我们以全力往前跑的时候，我们的眼睛不断注视着前面，两边什么也看不见。

世上充满了有趣的事情，可是生活中的大多数人都竭尽全力地追逐自己的目标，却忽视了生命中无数乐趣。

生活也是一门艺术，生活要过得简单而不乏味，有情趣而不孤异，只有这样，你才能够领悟人生的真谛，感受生活的美好。

芝加哥的约瑟夫·沙巴士法官，他曾审理过 4 万件婚姻冲突的案子，并使两千对夫妇复和。他说："大部分的夫妇不和，根本是肇因于许多琐屑的事情。诸如，当丈夫离家上班的时候，太太向他挥手再见，可能就会使许多夫妇免于离婚。"

劳·布朗宁和伊丽莎白·巴瑞特·布朗宁的婚姻，可能是有史以来最美妙的了。他永远不会忙得忘记在一些小地方赞美她和照顾她，以保持爱的新鲜。他如此体贴地照顾他的残废的太太，结果有一次她在给姊妹们的信中这样写道："现在我自然地开始觉得我或许真的是一位天使。"

简单的生活琐事，可能会给你带来不同的结果，就看你是不是掌握了生活的艺术。

真正懂得乐观地去生活的人，是因为他的生活富有情致。

任何人都想过幸福且充满活力的人生。除了要保持愉悦的生活情绪外，时时接受新事物的挑战也显得格外重要。

年龄虽大但依然精力充沛的人，多半是不断接受挑战的人。努力对很多事物充满兴趣，寻找新的挑战，并且去体验一些新的发现，会帮助你打破乏味的生活方式。

生命中，除了一些我们必须达到的目标以外，还有一些美好的风景也同样引人入胜。用心体会生命的情趣，我们会得到精神的慰藉和情感的升华，让我们以一种轻松愉悦的心情去追逐前方的目标；适时地接受生活中的新鲜事物，生活不再枯燥，旅途也不会特别劳累。

第五章

以朴实的心态付出
以成熟的状态收获

工作是人生中十分重要的一部分，让这一部分充实快乐，硕果累累，可以提高你的生存高度和人生高度，其途径无他，只有让自己在工作中尽快成熟起来，同样，心态在这里也起着举足轻重的作用。让浮躁的心踏实下来，以朴实的心态付出努力，少计较些得失，收获必然更多。

让自己另起一行

明天的希望，让我们忘了今天的痛苦。

——柏拉图

现实生活中，也许你是一个始终与"第一名"无缘的人，眼看着别人表现出色，自己却永远居于人后，心里会不会觉得有些自卑呢？其实你大可不必为此烦恼，一个人成功与否有很多不同的判断标准，只要你愿意换个角度，你也可以位列第一。

恽寿平是清代最著名的画家之一，他早期是画山水的，从见到王石谷之后，自以为山水画不能超过他，于是专攻花卉，成为海内所宗。在更早以前的唐代也有一位以画火闻名的张南本，据说原来是与一画家孙位一起学画山水，也因为自认不能超过孙位而改习画火，终于独得其妙。

艺术家追求完美，难免有傲骨，耻为天下第二名手，不愿落人之后，像前两者真有才能，舍他人既行的道路，自辟蹊径，独创一家固然最好。但如果不能认清自身的能力，只因耻为人后，就放弃学习，自己又找不到适当的方向，到头来则难免什么都落空了。孟雨是一个魅力四射、才华横溢的年轻人，经常是社团中令人注目的热点，认识孟雨的人几乎都可以感受到他热情的付出。在得知他交了女朋友后，他的一个朋友开玩笑似的问他："那现在我在你心中排第几呀？"他想也不想，便答："第一。"朋友不相信地看着他，问："怎么可能啊，你女朋友应该排在第一位。"孟雨狡黠地一笑，然后说："你当然排第一，只不过是另起一行而已。"孟雨的话说得多好啊！生活中，在各行各业中，每个人都期望得到第一的位置，其实要拿到第一也容易，就看你愿不愿意换个角度——只要"另起一行"，每个人就都是第一了，而这个世界，自然少了许多莫名的地位纷争，这不是很好吗？周平生性好强、不甘平庸，但造化弄人，他却偏是一个平淡无奇的小人物，他的理想是成为一个无冕之王——新闻记者，然而大学毕业后他却成了一名高中教师，而且在学校里也并不太受学生欢迎。看着昔日的同窗今日都已登上高位，周平心里别扭极了。贤惠的妻子见他这样子，就劝他说："人比人，气死人！反正现在情况已经是这样了，你又何必偏拿自己的短处去比人家的长处呢？你难道就不能找找你自己的优点吗？"妻子的话点醒了周平，他决定凭着自己流畅的文笔闯出一片天地。周平选择了当地一家颇有影响力的报社，然后便大量向那家报社投稿，丝毫不计较稿费的高低。这家报社开了不少副刊，周平悉心加以研究后，专门为它们量身定做写文章，所以他的作品几乎篇篇都被采用，甚至还创造过这样的奇迹：有一次，他们的副刊总共只有8篇稿子，其中4篇都是周平的"大作"，只是署名不一样。

周平的作品被这家报社的编辑竞相争抢，常常是刚应付完文学版的差事，杂文版的又来了。有时他因学校有事创作速度稍慢一点，那些编辑就会心急火燎地打电话催稿。终于有一天报社的领导坐不住了，他们给周平打电话——只要周平愿意，他现在就可以去报社上班。

周平赢了，我们可以从周平的经历中得到一个很重要的启示：生活的路不止一条，如果你不甘于平庸，你完全可以另起一行，得到你想要的成功。古今中外，还有很多名人经过重新给自己定位而取得令人瞩目的成就。

阿西莫夫是一个科普作家，同时也是一个自然科学家。一天上午，他坐在打字机前打字的时候，突然意识到："我不能成为一个第一流的科学家，却能够成为一个第一流的科普作家。"于是，他几乎把全部精力放在科普创作上，终于成了当代世界最著名的科普作家。

在生活中，谁都想最大限度地发挥自己的能力。但是，由于种种原因，你无法在自己从事的行业里取得令人满意的成就。还有许多人是在自己并不喜欢甚至厌恶的岗位上，干并非自己所愿意干的工作。在这种情况下，还是不要着急为好。生活其实就如写文章一样，当你发觉笔下的那一句不是自己最满意的言语，甚至是败笔的时候，那你就暂时停笔思考一下，甚至不妨另起一行重新书写，直至精彩的华章涌向笔尖。

突破你的心态瓶颈

所有的胜利，与征服自己的胜利比起来，都是微不足道。所有的失败，与失去自己的失败比起来，更是微不足道。

——佚名

固执的心态可以直接影响到你的思维方式，它会让你变成"一根筋"。因此，我们一定要突破这个心态瓶颈，才能从容走向成功。

生物学家曾做过一个有趣的实验，他们把鲮鱼和鲦鱼放进同一个玻璃器皿中，然后用玻璃板把它们隔开。开始时，鲮鱼兴奋地朝鲦鱼进攻，渴望能吃到自己最喜欢的美味，可每一次它都碰在了玻璃板上，不仅没捕到鲦鱼，还把自己碰得晕头转向。

碰了十几次壁后，鲮鱼沮丧了。当生物学家轻轻将玻璃板抽去之后，鲮鱼对近在眼前唾手可得的鲦鱼已经视若无睹了。即便那肥美的鲦鱼一次次地擦着它的唇鳃不慌不忙地游过，即便鲦鱼尾巴一次次拂扫了它饥饿而敏捷的身体，碰了壁的鲹鱼却再也没有进攻的欲望和信心了。

为什么？这是每一个人需要思考的问题。思维一旦成为定式，它就会像一个瓶颈一样制约着你的行动。人的心态同样会有"瓶颈效应"，如果放弃你心中固执的一面，你就可以看到比"瓶颈"更宽的地方。

我们现在用的圆珠笔在当初被发明时，发明者用了一根很长的管子来装油，但他发现管子里的油还没有完，笔头就先坏了。他做了很多次的实验，不是换笔头的材料就是换笔头的珠子。结果还是会出现笔头已经坏了油还剩下很多的情况。这个"瓶颈"他一直没有突破，一天朋友去找他，他把问题告诉了朋友。朋友一语道破天机，"既然你没办法解决笔头的问题，不妨试试把笔管剪短一点，这样问题就解决了。"他高兴地说："我为什么一直都没想到呢？"是啊，她固执地认为只有一个方向可以走通，一直坚持下去，结果只会让自己徒劳。突破心理的瓶颈，视野才会开阔。

朋友们都认为，吉米总是缺乏自己做老板的勇气。对他而言，公司的工作更安全，更可以为他的妻子和家庭提供必要的保障。但是后来，经济萧条了，他的工作确实不像原来那样是个永恒的港湾，他不由得惊醒了。

一时间，一种无休止的恐惧闯进他的生活。如果公司开始裁员怎么办？如果他苦心经营了多年的地区市场萎缩了怎么办？随着萧条的加剧，恐惧感不断地膨胀着。无数个夜晚，他无法入睡，彻夜担忧家庭的财政前景。终于，这种坐以待毙的恐惧膨胀得令他再也无法忍受。

其实出路只有一条：采取行动，慢慢建立起自己的企业。下班之后，他开始经营二手医疗设备。应该说，作为一名国际知名医疗设备制造公司的推销员，他所接受过的培训足以使他很快发展起来。

由于不像大贸易公司那样要支出很多管理费用，吉米从一开始就组织了一个有赢利能力的小机构。六个月之内，他创建了区域性公司，辞掉了自己原有的工作。他终于成为自己的财务大臣了。

现在，吉米再也不会有那种依赖每月拿到工资的感觉，他再也不用为他的工作担心，因为他再也没工作了。他现在有自己的公司了！

吉米成功地拥有了自己想要的东西。他再也不用去担心工作的危机给自己造成的心理负担。这是他突破"心态瓶颈"争得的成果。现在，许多失业者都无法突破这个瓶颈，而许多面临失业的人更是在想方设法地保全自己的工作。他们固执地认为，这份工作可以给他们带来安全感，于是死死地抓在手里唯恐丢了就再也找不回来了。他们宁可在一棵树上吊死，也不愿另求他路。这是人性的悲哀。

心的力量可以超越一切困难，可以粉碎障碍，达成期望。但需要你突破瓶颈，不再固执地坚守错误的方向。

别为自己设置行动的障碍

我们必须作为思索的人而行动，作为行动的人而思索。

——柏格森

很多人之所以养成了犹豫的心态，就是因为他们总在行动之前为自己设置思想障碍，结果就只好在起点犹豫徘徊。李强是个很有理想的年轻人，但他到了36岁却还没有什么作为。这是因为他有一个坏习惯：在行动之前总是想得太多。三年前他曾经想开一家高档洗衣店，朋友们很支持他的想法，鼓励他赶快行动。但李强的"老毛病"又发作了，他开始犯起了嘀咕：如果客人太挑剔怎么办？我只买得起国产的干洗机，虽然市场调查显示，很多人都有这个消费能力，可万一我真开了，没有客人怎么办？……李强琢磨了好久，朋友急了催他，他嘴里说着，过两天就去选店面，但却迟迟不行动，时间久了，开店计划也就不了了之了。三年中，城里陆续开了很多干洗店，生意都很红火，李强又痛又悔。朋友劝他现在开店也来得及，但李强又开始为自己开店能否有竞争力而烦恼起来。李强的干洗店，恐怕永远也开不起来，因为他习惯于为了假设性的问题烦恼，还没行动就开始后退了。其实，完全不必为还没开始的任务做假设，也不必为将来做任何预测，只要我们脚踏实地地做好每一件事，就一定能达到心中期望的结果。有这样一个故事：阿三和阿四是一对好朋友，因为闯了祸，两人只好趁着黑夜，逃离居住的地方。跑了一个晚上后，就在天快亮时，他们决定找个地方休息一下。

阿三气喘吁吁地说："找个地方休息一下吧！我们已经离开城镇很远了，我想他们不会追来了！"

阿四也点头表示："好！"

于是，他们来到一棵大树下休息乘凉。

他们躺在树下，放松了心情，闲聊起来。

阿三忽然想到一个问题，便问阿四："如果我在路上捡到了一笔钱，你觉得我要怎么处理？"

阿四听到阿三的白日梦，精神忽然一振，开心地说："如果捡到一大笔钱，那当然是你一半，我一半啦！"

阿三一听，急着说："你想得美！谁捡到了钱，就是谁的，如果是我捡到的话，凭什么要分一半给你？"

阿四一听，气愤地说："你这个人可真不够义气，我们一起逃亡，一起赶路，你捡到了钱，我也在你身边，我也看见了，你凭什么独吞？你真是个贪财鬼，一点也不够朋友，真是禽兽不如！"

听到阿四这么激动的怒骂，阿三也火了，他生气地吼着："你这是什么话！什么叫禽兽不如？你再说一遍！"

阿四一点也不示弱,他挑衅地说:"说就说啊!谁怕你啊!我说,你真是个禽兽不如的家伙!"

阿四一说完,阿三气得挥了一个拳头过来,这一挥拳,两个人就开始这么扭打了起来。这时,有个人走了过来,连忙上前劝阻说:"喂,你们别这样,有什么事不能说开呢?别打了,说来听听!"

阿四立即不平地说:"我们原本是好朋友,但是这家伙捡到了一笔钱居然不愿分给我,想要自己独吞!"

阿三一听,立即辩驳:"是我捡到的,当然是我的啊!我想给谁就给谁,我不想给就不……"

阿三话还没说完,火气甚旺的阿四立刻挥了一拳过来,还怒气冲冲地说:"还说不愿意,我就让你尝尝我的大拳头!"

路人看他们打得不可开交,转念一想,开口问:"你们先别急,让我帮你们调解。你们捡的钱在哪里?一共多少钱?"

这一问,两个人还真的停止扭打了!因为,他们顿时都呆住了,并异口同声地说:"咦?还没捡到啊!"

路人这会儿瞪大了眼,摇了摇头说:"捡的钱连个影子都没有,那么你们两个干吗吵成这样?"这下子两个人可呆住了,他们看着彼此的青鼻肿脸,尴尬地苦笑着。这个故事虽然很可笑,却能发人深省。生活中,我们是否也曾做过这两个愚人所做的事呢?为了一些假设性问题浪费精力。这也是许多人的坏习惯。行动都还没开始,便不断地给自己设置诸多想象出来的障碍,使得计划表上的进度,永远停滞在起点。

想一想,还没捡到钱,就为分钱问题而大打出手,是不是太可笑了?

曾国藩曾说过:只问耕耘,不问收获。但他却收获最大,成为万人效仿的枭雄。他的成功就是由于他能够脚踏实地地做好每一件事,而不去为一些假设性的问题烦恼,更不会让它们绊住自己的双脚。

不要活在别人的价值观里

我对自己的信心已超越别人对我的评价。

——茱利亚

一个人活在别人的价值观里就会变得虚荣，因为太在意别人的看法就会失去自我。其实每个人都应当为自己而活，追求自我价值的实现以及自我的珍惜。

如果你追求的幸福是处处参照他人的模式，那么你的一生都会悲惨地活在他人的价值观里。

生活中的人常常很在意自己在别人的眼里究竟是一个什么样的形象，因此，为了给他人留下一个比较好的印象，许多人总是事事都要争取做得最好，时时都要显得比别人高明。在这种心理的驱使下，人们往往把自己推上一个永不停歇的、痛苦的人生轨道上。那么，人应该永远活在别人的价值观里吗？

有一天下午，珍妮正在弹钢琴时，七岁的儿子走了进来。他听了一会儿说："妈，你弹得不怎么高明吧？"

不错，是不怎么高明。任何认真学琴的人听到她的演奏都会退避三舍，不过珍妮并不在乎。多年来珍妮一直这样不高明地弹，弹得很高兴。

珍妮也喜欢不高明的歌唱和不高明的绘画。从前还自得其乐于不高明的缝纫，后来做久了终于做得不错。珍妮在这些方面的能力不强，但她不以为耻。因为她不愿意活在别人的价值观里，她认为自己有一两样东西做得不错。

"啊，你开始织毛衣了，"一位朋友对珍妮说，"让我来教你用卷线织法和立体织法来织一件别致的开襟毛衣，织出十二只小鹿在襟前跳跃的图案。我给女儿织过这样一件。毛线是我自己染的。"珍妮心想，我为什么要找这

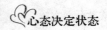

么多麻烦？做这件事只不过是为了使自己感到快乐，并不是要给别人看以取悦别人。直到那时为止，珍妮看着自己正在编织的黄色围巾每星期加长五至六厘米时，还是自得其乐。

从珍妮的经历中不难看出，她生活得很幸福，而这种幸福的获得正在于，她做到了不是为了向他人证明自己是优秀的而有意识地去索取别人的认可。改变自己一向坚持的立场去追求别人的认可并不能获得真正的幸福，这样一条简单的道理并非人人都能在内心接受它，并按照这条道理去生活。因为他们总是认为，那种成功者所享受到的幸福就在于他们得到了这个世界大多数人的认可。

其实，获得幸福的最有效的方式就是不为别人而活，不让别人的价值观影响自己，就是避免去追逐它，就是不向每个人去要求它。通过和你自己紧紧相连，通过把你积极的自我形象当作你的顾问，通过这些，你就能得到更多的认可。

在得意时不忘形

人生颇富机会和变化。人最得意的时候，有最大的不幸光临。

——亚里士多德

作为一个拥有良好心态的人，他应该始终具有清醒的头脑，在得意时不忘形，在失意时不丧志。

炎炎夏日，蚊虫肆虐，人们对此深恶痛绝。它们虽不易灭绝，但却容易捕杀，原因很简单，它们时常得意忘形，把自己推上死路。

如果仔细观察就会发现，有些蚊子在吸食人畜的血液时，在没有受到惊扰的情况下，它会一个劲地吸起来没完，直到飞不动或勉强飞往一处自认为安全的地方休息，安于享受成功。此时它们吃饱喝足的身体已变得迟钝，完全忽视了危险的存在，而这正是它们接近死亡的时刻，若现在想杀死它，已无须奋力拍打，只需轻轻一按，它们便一命呜呼。

蚊子的死是罪有应得，但它给我们的启示却是深刻的：一个人经历千辛万苦换来成功的甘果时，是手捧观之得意扬扬，还是保持冷静视之为过去，重新设定新的目标，并加倍努力实现之。选择前者，就选择了和蚊子一样的命运；选择后者，成功的甘甜将会始终伴随左右。

是什么原因使人的选择不同呢？是一个人处世的心态。好心态不仅可以指导我们在工作上取得成绩，还能指导我们在各种误解面前站稳脚跟，坚持自己认为对的事情，不因为别人的不理解而改变自己。

由于与生俱来的性格使然，有人外向，有人内向，也因此造成了每个人在外在行为上的差异，这便成为误解的根源。

"同事们都这样。要是我整天捧着书本不和他们闲聊，显得我清高、不合群，多不好啊。"

不久以前，一位刚从学校毕业的职场新人跟他的一个知心朋友说了上述一番话。

的确，谁不希望能够在单位中培养良好的人际关系，和大家融为一体，尤其是刚毕业参加工作的学生，好像不和大家打成一片就没有获得大家的认同，工作起来没有底气。

这种想法也不能说不对，但绝对要具体情况具体分析，万不可一概而论。

就以上述的这位新人为例吧。他毕业于上海某警官大学，学的是道路交通管理，毕业分配去了沿海的一个中小城市。他每天的工作是上街值 2 小时班后休息几个小时，然后再去上岗。工作压力不大，闲暇时间很多。但是他

周围的同事们每天值勤回来后就是聊聊天、打打牌，晚上下班后也经常是出去吃吃饭、喝喝酒、跳跳舞。小伙子每次和他们在一起的时候，觉得太浪费时间了，有一种犯罪感。他喜欢读书思考一些问题，并想考研究生接着深造。但就出现了本文开头所提到的问题。他不和同事们一块聊、玩，又怕人家说他假清高、不合群等等。

基于这种情况，他的朋友对他说：从你所讲的来看，你的这些同事可能文化素质不高，又安于现状，没太大的追求，他们也许能够做好目前的本职工作，但再有什么发展和进步的可能性很小。你的这种顾虑完全没有必要，因为如果只有同他们一块虚度光阴才算合群的话，那你必须以牺牲自己的爱好、前途、追求为代价而去合群，必须放弃提高自己思想境界为代价才不会清高，按他们的标准去要求自己。在工作和生活中，这种"就低不就高"的合群、不清高，实际上是媚俗，是完全错误的一种想法。

不合群的现象一般有两种：一种是因为性格孤僻、封闭自我，或是人品道德上低劣而让大家疏远；另一种则是因为某个人优秀出众，或者是追求的目标高于众人之上，不迎合众人的口味或疏于处理人际关系等，从而不被大家理解或受人妒忌。

在生活中两种情况都经常见到，尤其是第二种情况。比如陈景润做一名中学数学老师，肯定是不"合群"的；"文革"时马寅初也跟不上潮流；比尔·盖茨中途从哈佛退学也和大家心目中的"好学生"标准不一致……这些人的共同点是都曾经不被看好，却都取得了骄人的业绩，而且他们从不曾得意忘形。

我们应努力处理好周围的人际关系，但这是为了发展自己的事业，让自己做得更好，而绝不应该是牺牲自己的追求和理想而去随波逐流。要在心态上摆正，只要你优秀出众、超凡脱俗，就很容易会被人认为是清高、不合群，但这也胜于得意忘形后的自我毁灭。

切莫得过且过，迷迷糊糊混日子

明天是世上增值最快的一块土地，因它充满了希望。

——柏拉图

有些人想发财，却总是得过且过，这样的人肯定会有很多局限性而无法超越自我，难有大的突破和进展。实际上，凡是有"得过且过"的心态者，都会给自己找退缩之路。在古希腊有同村两个人，为了比试高低，就打赌看谁能走的离家更远，于是同时却不同路地骑马出发了。

一个人走了10天后，心想："我还是停下来吧，因为我已经走了很远了。我敢肯定他没有我走得远。"他就停了下来，休息了几天，然后他就回到了家里，继续自己的农耕生活。

另一个人走了10年，却一直没有回来。村里的人都认为这个傻瓜为了一场没有必要的打赌而丢掉了性命。

有一天，一队浩浩荡荡的大军向村里开来，村民不知道发生了什么事。当队伍临近时，突然有个人惊喜地叫道："那不是威克逊吗？"只见消失了10年的威克逊已经成了这队大军的统帅。

威克逊下马后，向村民打听说："杰瑞呢？我真的要感谢他，因为那个打赌，才使我有了今天。"

杰瑞羞愧地说："祝贺你，朋友！可我至今还是个农夫。"这个故事说明暂时消极心态只能让人次人一等。生活中还有多少人都是这样次人一等啊！

一个有生气、有计划、能克服消极心态的人，一定会不辞任何劳苦，聚精会神地向前迈进，他们是从来不会想到"将就过"那样的话的。

有许多颓废的人，常常对人说："得过且过，过一把瘾吧！""只要不是饿肚子就行了""只要不被炒鱿鱼就够了"。这种人其实就是在承认自己没有生机。他们简直已经脱离了世人的生活，至于让他"克服消极心态"，那更是不可能了。

打起精神来！它即使未必能够让我们立即就有所收获，或者马上就得到物质上的安慰，但它却能够充实我们的生活，使我们获得无限的乐趣。

那些克服消极心态而成就的大事，绝非那些只想"填饱肚子"以及那些"得过且过"的人所能完成的，只有那些意志坚决、不辞辛劳的人才能完成这些事业。

试想，一个画家正想完成一幅名作，如果他一拿起笔来，就心不在焉，有气无力地东涂一笔，西抹一下，请问这样的人会成功吗？

音乐家奥里·布尔和他的提琴的故事，就是一个很好的例子。这位名震全球的音乐家一演奏起他的曲目，听众们就会惊叹不已。可是他们不知道他所下的苦功。当他还只有7岁的时候，常常会深夜起床，拿出那把红色小提琴，奏起自己日思夜想的曲目。直到他长大后，这把小提琴从来也没有离开过他。现在他所演奏的歌曲，真不知倾倒了多少听众。可是当初他在练习的时候，也曾经有过消极的心态呢！

那么，布尔是如何克服这种消极心态的呢？他小的时候，身体一直不好，贫穷和疾病总是紧紧地压迫着他，父亲对他学小提琴也持反对意见。正是由于他的热诚和专心，才让他冲破一切阻碍，闻名世界。

我们随时都会碰到这样的人：他们似乎专门在等待人家去强迫自己工作。他们对自己所拥有的广博才识和能力，一无所知。他们一点也没有估计过自己的身体里究竟蕴藏着多少才智和力量。当遇到事情的时候，他们只会拿出一小部分力量来敷衍，他们似乎情愿永远守在空谷，也不肯攀登山巅；他们更不有愿意张开双眼，来把广大而宏伟的宇宙看个一清二楚。

在那些偷闲苟安的人的眼里，世界上一切好的位置，一切有出息的事业都已宣告客满。是的，这种懒惰成性的人，随便走到哪里，都不会有他们的立足之地。社会上各处急切需要的都是那些肯领头的、敢于奋斗、有主见的人。一个随处可以立足的人，应该有思想、能判断、善创新、刻苦耐劳。而那些专门埋怨自己、埋怨没有机会或者命运不济的人，他们一辈子也不会成功。

那些心存危机的人常会这样想：我不能这样得过且过，我要争取过上好的日子。我要赚更多的钱，我要穿上好的衣服，吃上好的食物。而那些不求进取的人就不会这样想了，他只想：我能不饿肚子就行了，所以他才会得过且过，混一天日子，撞一天钟！任小萍是我国著名的外交使馆的翻译。她说："在我的职业生涯中，几乎每一步都是组织上安排的，自己并没有什么主动权。即使这样，我也有自己的选择，那就是要比别人做得更好。"

1968年，任小萍有幸成了北京外国语学院的一名工农兵学员。当时，在她所在的班级，她的年龄最大，成绩也最差。第一堂课她就因为没有回答上老师的问题而被罚站了。第二天，班级就挂出了一条横幅："不让一个阶级兄弟掉队"，她就是那个掉队的阶级兄弟。但等到她毕业的时候，成绩已经是全年级最好的了。

任小萍大学毕业后被分到英国大使馆做了一名接线员。很多人都觉得做接线员是个很没有出息的工作，但任小萍却把这个普通的工作做出了采。她将所有使馆人员的名字、电话以及工作范围都背得烂熟于心，每个打进来的电话，她都能很快、很准确地找到人。时间一长，使馆人员有事外出，都不告诉自己的翻译，而是给任小萍打电话，告诉她会有谁来电话。任小萍因此被使馆的人称为留言板、大秘书。

一天，英国大使竟然跑到电话间，笑眯眯地表扬了任小萍。这是破天荒的事情，结果没过多久，任小萍就因工作出色而被破格调去给英国某大报社当了翻译。该报的首席记者是个脾气很大的老头，曾经得过战地勋章，还被授予过勋爵。这个老头本事大，脾气更大。前任翻译就是给他骂跑了。刚开始时，他也不要任小萍，看不上她的资历，后来才勉强同意让任小萍试一试。一年后，老头逢人就说："我的翻译比你的好上十倍。"不久，任小萍就因工作出色，又被破例调到美国驻华联络处，她也同样干得很出色，获得了外交部的嘉奖……一个人在无法选择工作时，至少他永远有一样可以选择：就是无论什么工作都要好好干。在同一种工作岗位上，有的人勤恳敬业，付出很多，收获颇丰，而有的人却整天想调好工作，而不做好眼前的事。其实，这样的选择就决定了将来的被选择。

一个有生气、有计划、有远大目标的人，一定会不辞辛苦，聚精会神地向前迈进。他们从来不会想到"得过且过"这样的话。他们的生活永远都是崭新的，每天都在有计划地进步，他们只知向前跨，不管自己是走了一寸还是一尺，最重要的是不断取得进步。如果你不想总过穷日子，那就不要有"得过且过"的想法。

第六章

以"有度"的心态看钱
以智慧的状态赚钱

有句流行语叫"赚到钱够花，睡到自然醒"，在人的欲望当中，金钱占有"显赫"的位置。常言说"君子爱财，取之有道"，其实"有道"的同时更须"有度"。有了"有度"的心态，赚钱会更加智慧，花钱会更加理智。

做金钱的"主人"，摆脱奴役

如果你把金钱当成上帝，它便会像魔鬼一样折磨你。

——菲尔丁

金钱是创造美好幸福生活的工具。记住！只有你真正地理解了关于金钱的正确观念，你才会积极地以一颗平常心去看待金钱。

钱钟书，是近代一位遐迩闻名、学贯中西的文学大师，他用自己的言行举止告诉人们该怎样对待金钱，什么时候该做金钱的"主人"，什么时候该做金钱的"奴隶"。看下面几个故事中钱钟书是如何看待金钱的。

20世纪80年代，美国著名学府普林斯顿大学邀请钱钟书讲学，开价16万美金，并且免费提供他们在美国的一切生活费用，却被钱钟书拒绝了。因为在国内，他还有更重要的事情要做。金钱并不能左右他的事业。

英国一家著名的出版社，得知钱钟书有一本写满了批语的英文大辞典，于是派人远渡重洋，找到钱钟书，愿意以重金买这本书，钱钟书当即回绝："不卖。"

但是有几次，钱钟书对金钱却"另眼相看"。1979年冬天，钱钟书收到四册《管锥编》的8000元稿费。他把钱分装进两个纸袋，对夫人杨绛说："走，逛商场去！"钱老昂首挺胸，夫人杨绛宛如保镖护驾，一边走还一边提醒她："注意提防小偷。"

钱老以豁达的心态看待金钱，做金钱的主人，不只体现在以上某些方面。

还体现在他不看重金钱，不计较得失地帮助那些有困难的人。

钱老在担任中国社科院院长的职务期间，一次，给他开车的司机因为撞伤行人，找到钱老借医疗费，钱老问明情况，说："需要多少？"司机答："2000元。"钱老说："这样吧，我给你1000元，不算你借，不用还了。"

许多人对钱先生不爱钱的做法很不解，向他请教。

钱老说："我都姓了一辈子钱了，还会迷信钱这个东西吗？"当前，为数不少的人工作挣钱并非出于对美好生活的愿望，而是出于对穷困潦倒的恐惧，他们认为钱能消除对贫困的恐惧，所以，他们积累了很多的钱，可是没多久，他们更加恐惧。恐惧会失去已得到的钱，不知不觉又回到从前的孤苦之中，甘心情愿地做金钱的奴隶，永远被金钱奴役着。在一个很大的寺院里面住着一个游方化缘的和尚。有一段时期，这个庙里的香火很盛，经常有人来上供一些好东西。这个和尚因为害怕再过以往那清贫孤苦的日子，就一改初衷，不为佛祖工作了，他要一心一意地为金钱而忙碌。

这个和尚把香客上供给佛祖的各种供品统统偷偷卖掉，积少成多，慢慢地他积攒起一大堆钱。

自从有了这些钱以后，和尚整天疑神疑鬼，无论白天黑夜，他都把这些钱抱在自己的怀里，不敢有一时松懈，生怕丢失或被别人偷走了。无论白天黑夜，他都感到心神不宁，痛苦不堪，直至精神崩溃。钱是一种力量，但更有力量的是有关理财的技能，是控制金钱的能力。金钱来了又去，但如果你了解钱是如何运转的，你就有了驾驭它的力量。正确地使用金钱，能使金钱更好地为你服务。一位提着豪华公文包的犹太老人，来到某银行贷款部前，大模大样地坐了下来。

"请问先生，您有什么事情需要我们效劳吗？"贷款部经理一边小心地询问，一边打量着来人的穿着：名贵的西服，昂贵的手表，高档的皮鞋，还有镶着宝石的领带夹子……

"我想借点钱。"

"完全可以，您打算借多少呢？"

"1 美元。"

"只借 1 美元？"贷款部的经理惊愕了。

"我只需要 1 美元。可以吗？"

"当然，只要你有担保，借多少我们都照办。"

"好吧。"这个犹太人从豪华的公文包里取出一大堆股票、国债、债券等放在桌上："这些做担保可以吗？"

贷款部经理清点了一下，"先生，总共 50 万美元，做担保足够了，不过先生，您真的只借 1 美元吗？"

"是的。"犹太老人面无表情地说。

"好吧，到那边办手续吧，年息为 6％，只要您付 6％的利息，一年后归还，我们就把这些作保的股票和证券还给您……"

"谢谢……"犹太富豪办完手续，准备离去。

一直在一边旁观的银行行长怎么也弄不明白，一个拥有 50 万美元的富豪，怎么会跑到银行来借 1 美元呢？

他从后面追了上去，有些窘迫地说："对不起，先生，可以问您一个问题吗？"

"你想问什么？"

"我是这家银行的行长，我实在弄不懂，您拥有 50 万美元的家当，为什么只借 1 美元呢？要是您想借 40 万美元的话，我们也会很乐意为您服务的……"

"好吧，既然你如此热情，我不妨把实情告诉你。我到这儿来，是想办一件事情，可是随身携带的这些票券很碍事，我问过几家金库，要租他们的保险箱，租金都很昂贵，我知道银行的保安很好，所以嘛，就将这些东西以担保的形式寄存在贵行了，由你们替我保管，我还有什么不放心呢！况且利息很便宜，存一年才不过 6 美分……"能轻松理财者，必能轻轻松松地控制金钱。这样，赚钱和花钱就变成一件容易的事。不为金钱所累，轻轻松松地做金钱的主人。

放弃对金钱的贪念

大凡不亲手挣钱的人，往往不贪财；亲手赚钱的人才有一文想两文。

——柏拉图

钱浓缩着人所有的希望！人之所以在不断创造、在不断进取，是因为看到了钱和钱负载的力量和利益。有了钱，人就有了倾注爱的对象；若失去钱，人不只孤单，更否定了自己。

其实，金钱是一种工具，是很有用也没有用的资源。从古至今，金钱成就了很多人但也毁了很多人。关键之处在于掌握金钱的人如何对待这个身外之物。人们熟知的美国石油大王洛克菲勒就是一个典型的实例。他出身贫寒，在创业初期，人们都夸他是个好青年。当黄金像贝斯比亚斯火山流出的岩浆似的流进他的金库时，他变得贪婪、冷酷。同时也伤害到宾夕法尼亚州油田地带公民的切身利益——农田被毁，生活不得安宁。有的受害者做出他的木像，亲手将"他"处以绞首之刑。无数充满憎恶和诅咒的威胁信涌进他的办公室。连他的兄弟也十分讨厌他，而特意将儿子的遗骨从洛克菲勒家族的墓园迁到其他地方，并说："在洛克菲勒支配下的土地内，我的儿子也无法安眠。"

在洛克菲勒53岁时，疾病缠身，人变得像个木乃伊，医生们终于向他宣告了一个可怕的事实：他必须在金钱、烦恼、生命三者中选择其一。这时，他才开始省悟到是贪婪的魔鬼控制了他的身心。他听从了医生的劝告，退休回家，开始学打高尔夫球，上剧院去看喜剧，还常常跟邻居闲聊。经过一段时间的反省，他开始考虑如何将庞大的财产捐给别人。

起初，这并不是一件容易的事，他捐给教会，教会不接受，说那是腐朽的金钱。但他不顾这些，继续热衷于这一事业。听说密歇根湖畔一家学校因资不抵债而被迫关闭，他立即捐出数百万美元而促成如今国际知名的芝加哥大学的诞生。洛克菲勒还创办了不少福利事业，帮助黑人。从那以后，人们渐渐地理解了他，开始用另一种眼光来看他。他造福社会的"天使"行为，不但受到人们的尊敬和爱戴，还给他带来用钱买不到的平静、快乐、健康加高寿，他在53岁时已濒临死亡，结果却以98岁高龄辞世。

洛克菲勒曾让金钱带入另一个轨道，幸运的是他及时让自己回复了神智，得到了重获新生的机会。在他死时，只剩下一张标准石油公司的股票。生活是需要平衡的，每一个环节都很重要，不能稍有偏废。如果过分贪婪，把握不住必要的尺度，就很容易受到伤害。有一则寓言也从另一个角度阐释了同样的道理：从前有个特别爱财的国王，一天，他跟神说："请教给我点金术，让我把伸手所能摸到的都变成金子，我要使我的王宫到处都金碧辉煌。"

神说："好吧。"

于是第二天，国王刚一起床，他伸手摸到的衣服就变成了金子，他高兴得不得了，然后他吃早餐，伸手摸到的牛奶也变成了金子，摸到的面包也变成了金子，这时他觉得有点不舒服了，因为他吃不成早餐，得饿肚子了。他每天上午都要去王宫里的大花园散步，当他走进花园时，他看到一朵红玫瑰开放得非常娇艳，情不自禁地上前抚摸一下，玫瑰花立刻也变成了金子，他感到有点遗憾。这一天里，他只要一伸手，所触摸的任何物品都变成金子，后来，他越来越恐惧，吓得不敢伸手了，他已经饿了一天了。到了晚上，他最喜欢的小女儿来拜见他，他拼命喊着不让女儿过来，可是天真活泼的女儿仍然像往常一样径直跑到父亲身边伸出双臂来拥抱他，结果女儿变成了一尊金像。

这时国王大哭起来，他再也不想要这个点金术了，他跑到神那里，跟神祈求：“神啊，请宽恕我吧，我再也不贪恋金子了，请把我心爱的女儿还给我吧！”

神说：“那好吧，你去河里把你的手洗干净。”

国王马上到河边拼命地搓洗双手，然后赶快跑去拥抱女儿，女儿又变回了天真活泼的模样。汤玛斯·富勒说：“满足不在于多加燃料，而在于减少火苗，不在于积累财富，而在于减少欲念。”

再多的金钱也买不来快乐，反而会让你越活越累，何苦如此呢？放弃对金钱的贪念吧，你会因此得到更多的快乐！

欲望越少，生活越幸福

欲望越小，人生就越幸福。

——托尔斯泰

一个人如果欲望太多，他就会变得越贪婪，一个永不知足的人是无法感受到幸福的。

人，饥而欲食，渴而欲饮，寒而欲衣，劳而欲息。幸福与人的基本生存

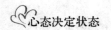

需要是不可分离的。人们在现实中感受或意识到的幸福，通常表现为自身需要的满足状态。人的生存和发展的需要得到了满足，便会产生内在的幸福感。幸福感是一种心满意足的状态，植根于人的需求对象的土壤里。

然而，很多人都是希望自己拥有地再多一些，从来没有满足的时候。民间流传着一首《十不足诗》：

终日奔忙为了饥，才得饱食又思衣，冬穿绫罗夏穿纱，堂前缺少美貌妻，娶下三妻并四妾，又怕无官受人欺，四品三品嫌官小，又想面南做皇帝，一朝登了金銮殿，却慕神仙下象棋，洞宾与他把棋下，又问哪有上天梯，若非此人大限到，上到九天还嫌低。

这首诗对那些贪心不足者的恶性发展写得淋漓尽致。物欲太盛造成的灵魂变态就是永不知足，没有家产想家产，有了家产想当官，当了小官想大官，当了大官想成仙……精神上永无宁静，永无快乐。

在陕西南部山区有一位还未脱贫的农民，他常年住的是漆黑的窑洞，顿顿吃的是玉米、土豆，家里最值钱的东西就是一个盛面的柜子。可他整天无忧无虑，早上唱着山歌去干活，太阳落山又唱着山歌走回家。别人都不明白，他整天乐什么呢？

他说："我渴了有水喝，饿了有饭吃，夏天住在窑洞里不用电扇，冬天热乎乎的炕头胜过暖气，日子过得美极了！"

这位农民物质上并不富裕，但他却由衷地感到幸福。这是因为他没有太多的欲望，从不为自己欠缺的东西而苦恼的缘故。

与这个农民相反的是一个卖服装的商人。这个商人有很多钱，但他却终日愁眉不展，睡不好觉。细心的妻子对丈夫的郁闷看在眼里，急在心上，她不忍丈夫这样被烦恼折磨，就建议他去找心理医生看看，于是他前往医院去看心理医生。

医生见他双眼布满血丝，便问他："怎么了，是不是受失眠所苦？"服装商人说:"是呀,真叫人痛苦不堪。"心理医生开导他说:"别急,这不是什么大毛病!你回去后如果睡不着就数数绵羊吧!"服装商人道谢后离去了。

一个星期之后,他又出现在心理医生的诊室里。他双眼又红又肿,精神更加颓丧了,心理医生复诊时非常吃惊地说:"你是照我的话去做的吗?"服装商人委屈地回答说:"当然是啊!还数到三万多只呢!"心理医生又问:"数了这么多,难道还没有一点睡意?"服装商人答:"本来是困极了,但一想到三万多只绵羊有多少毛呀,不剪岂不可惜?"心理医生于是说:"那剪完不就可以睡了?"服装商人叹了口气说:"但头疼的问题又来了,这三万只羊的羊毛所制成的毛衣,现在要去哪儿找买主呀?一想到这,我就睡不着了!"

这个服装商人就是生活中高压人群的真实写照,他们被种种欲望驱赶着跑来跑去,疲乏至极,每天睁开眼睛想到的是金钱,闭上眼睛又谋划着权力,日复一日,年复一年。这样的人怎么会享受到幸福呢?

有些欲望是自然而必要的,有些欲望是非自然而不必要的,前者包括面包和水,后者就是指权势欲和金钱欲等等,人不可能抛弃名利,完全满足于清淡生活,但对那些不必要的欲望,至少应当有所节制。

一个人的欲望越多,他所受到的限制就越大,一个人的欲望越少,他就会越自由、越幸福。

名利之心不能太盛

一个人光溜溜地到这个世界来,最后光溜溜地离开这个世界而去,彻底想起来,名利都是身外物,只有尽一人的心力,使社会上的人多得他工作的裨益，是人生最愉快的事情。

——邹韬奋

很多人总是把得失看得太重，把名利看得太重，期望自己位高权重，期望能拥有万贯家财，这样通常会备受名利折磨，轻者身心劳累，重者害人害己。

生活中，很多人拥有金钱，但却没有快乐，他们对金钱垂涎欲滴。整日挖空心思、千方百计想要得到它的人，恐怕永远也不会快乐而且身心劳累。四大吝啬鬼之一的严监生，都快死了，已经讲不出话来了，还是大瞪着两眼，直竖着两根指头不肯咽气。像他这样的人，绞尽了脑汁，"辛苦"经营了一辈子，挣下了万贯的家财，本来是可以带着"成就感"心满意足地去了，可是他却死活不肯咽下最后一口气。旁边的族人皆不明白严监生直竖的两根指头到底是什么意思，最后还是他的小儿媳妇机灵，因为她发现严监生的两眼死死地瞪着桌旁的油灯。油灯里燃着两根灯草，严监生伸着两根指头不就是不满意燃着的两根灯草吗？按照严家的规矩，本着"节俭"的原则，应该熄掉一根灯草才是。于是小儿媳妇赶紧跑过去熄掉了一根灯草。这招真是灵验，一根灯草刚熄，严监生就呕气了。

世上类似于严监生这样临死还被自己无尽的贪欲折磨着的人虽然不多，但是为了名，为了利，整日处心积虑，乃至不择手段的人实在是太多了。得到了名利也许能给你短暂的满足和快乐，然而名利如浮云，你能够得到它，也会不留一丝痕迹地失去它。生命对每一个人来说就是单程旅行，没有回头路可走，所以，尽量使自己的灵魂沉浸在轻松、自在的状态，这是最好不过的。

严监生还只是小贪，胡长清之流却是大贪。胡长清，身居副省长之要职，却嫌副省长之名太过严肃，也想附庸风雅，来个青史留名。他觉得作为一个领导，到哪儿都少不了给人家题词，这可是留下墨宝、青史留名的好机会，于是他在这方面下起工夫来。社会上不少善于钻营溜须拍马之人摸透了胡长清的心思，在付出了极大的代价讨得胡副省长的"墨宝"之后赞不绝口，弄得胡长清飘飘然起来，还真以为他胡长清除了当副省长之外还应该至少当个书法家协会副理事长才行。更为可笑的是，痴于虚名到了极点的胡长清，在锒铛入狱之后，得知自己罪大恶极，民愤极大，不久就要被枪毙，还跪在狱警面前，痛哭流涕地对狱警说他不想死，他愿意坐牢，在牢中他会给狱警们写书法，让狱警们拿着他的"墨宝"去卖个好价钱。瞧，贪得无厌的胡长清，死到临头了还在做梦。他不知道，自他犯事之日起，他以前所有留下的"墨宝"，早不知让别人扔到哪个垃圾堆里去了。可叹一个胡长清，好不容易当上了副省长，却怎么也摆脱不了自己无尽欲望的控制，要钱不怕多，要名嫌名小，最终落得个遗臭万年的可悲下场。

人人都有名利之心，这是不可避免的，但是一个人要求富贵，必须得之有道，持之有度。就生活的价值而言，如果我们能够体味人生的酸甜苦辣，没有虚度时光，心灵从容充实，则不管我们是贫是富皆可以满意了。

富贵荣华生不带来，死不带走。如果我们看破了这一点，对于世间的荣华富贵不执着和贪恋，那么我们的心胸自然就会平静如水。

有些人总是费尽心机地追逐金钱和地位，一旦愿望实现不了，便口出怨言，甚至生出不良之心，采用不义手段来为自己谋利，到头来还会因此害了自己，庄子曾说过："不为轩冕肆志，不为穷约趋俗，其乐彼与此同，故无忧而已矣。"这句话大意是说那些不追求官爵的人，不会因为高官厚禄而沾沾自喜，也不会因为穷困潦倒、前途无望而趋炎附势、随波逐流，在荣辱面前一样达观，所以他也就无所谓忧愁。庄子主张"至誉无誉"。在他看来，最大的荣誉就是没有荣誉。他把荣誉看得很淡，他认为，名誉、地位、声望都算不了什么。尽管庄子的"无欲"、"无誉"观有许多偏激之处，但是当我们为官爵所累、为金钱所累的时候，何不从庄子的训谕中发掘一点值得借鉴的东西呢？

其实人活着就是为了享受快乐，但生活中很多人由于贪心过重，为外物所役使，终日奔波于名利场中，每天抑郁沉闷，不知人生之乐，所以我们不妨花点时间，平心静气地审视一下自己，是否在心中藏着许多欲求而不可得的小秘密，是否常常被这些或名或利的欲望搅得心烦意乱。心中有点小秘密是正常的，因为每个人总会有着这样或那样的欲求，只不过有的人懂得如何正确地面对这些或者正当或者不正当的欲求：正当的欲求，他会尽量去满足，实在凭自己的能力满足不了的，他也会平心静气地面对这样的事实；不正当的欲求，他会为此而感到内疚，感到惭愧，会在心底检讨自己，不会发展到为了这样的欲求而不择手段的地步。但也有人不会控制自己的名利之心，结果贻误了自己，毁了自己的一生。

宁做让利的君子，不做得利的小人

一个伟人享有多高的荣誉，完全取决于他争取荣誉时所采用的方式。

——拉罗什富科

不少人对名利太过热衷，他们甚至不分是非、不计尊严地去夺取，置社会公德于不顾地去践踏别人的利益，不惜让人唾弃。这种人是可悲的。只有见利让利，处名让名，以一副淡雅、低调的心态面对名利的纷扰，才是做人的最佳姿态。

面对名利，就要做让利的君子，而不是得利的小人。名誉对于每个人的诱惑都是很强烈的，这就要看一个人的定力和修养如何了。历史上真正对名利拿得起放得下、知道急流勇退保命安生的，要数范蠡了。他在助越王勾践灭吴之后，认为"大名之下，难以久居，且勾践为人可以共患难，难以同富贵"，就放弃了上将军的大名和"分国而有之"的大利，隐退于齐，改名换姓，耕于海畔，父子共力，后居然"致产十万"，受齐人之尊，拜为卿相后以为"久受尊名，不祥"，就呈缴相印，尽归其财，隐居而从事耕畜，经营商贸，积资数万，安享天年。

另一个共扶勾践成就大业的文种，因为贪恋富贵功名而不听范蠡的劝告，结果果然死在勾践的手里。所以，争名夺利实际上吃亏受害的还是自己，而淡泊名利的却福利双全，可以走向更大的成功。三国时期的大枭雄曹操很注意接班人的选择。长子曹丕虽为太子，但幼子曹植更有才华，文采更是名满天下，曹操有易储的念头。曹丕得知消息，问他的贴身官员该怎么办。对方回答说："愿你有德性和度量，像个寒士一样做事，兢兢业业不要违背做儿子的礼教，也就这样了。"

有一次曹操率军出门征战，曹植朗诵自己的歌功颂德的文章讨父亲欢心，从而显示自己的才能，而曹丕只伏地而泣，跪地不起，一句话也说不出。问他为何，他便哽咽说："父亲年事已高，还要挂帅亲征，作为儿子心里又担忧又难过。所以说不出话来。"一言既出，满朝默然，都为太子如此仁孝而感动。反过来大家倒觉得曹植只知为己扬名，未免华而不实，有悖人子之孝道，作为一国之君，恐怕难以胜任。毕竟写文章不能代替道德和治国才能，结果曹丕还是被定为太子。可是曹植不吸取教训，不收敛锋芒，不放低自己的姿态，仍然高调地结交名士，以名炫世，最终被曹丕置于死地。因此，处世低调的人知道在"名利"二字面前揣摩思量，适可而止，有所节制，懂得适度的可贵。"过犹不及"在此仍然适用。太热衷于追名逐利，不仅得不到任何的好处，最终难免会竹篮打水一场空。

如今有不少的机关单位作风懒散不思进取，一杯茶，一张报纸，一根香烟，伴以闲聊胡侃，常常生出种种是非。某单位晋级评职称，中级职称的指

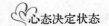

标让科长占去了 5 个，只留了一个给工作业绩最好的职工。而有 6 个职工符合要求，其中有 3 人是同一年份正式入编的，余下的 3 人则是晚一届。如果按照论资排辈的铁律，这一个指标要在前三位中选一个。这 3 人之中有一个硕士毕业；有一个学术论文比较多，发表的期刊级别较高；第三个人则一切平平，除了年限到了之外，再无任何优势可言。

第三个人当然也想得到，争了一段时间，眼看毫无指望，便偃旗息鼓，不再争了。第一、第二个人相执不下，但第一位不仅学历较高，且与一位局长私交甚深，还人前人后拼命活动，最后当然得到了指标。消息刚传出来，评上中级职称的员工竟然当着众人面大骂那个与她争评职称的同事。对此，大家自然议论纷纷，除了说她缺乏教养外，更看不起她那种得便宜又耍无赖的面孔。结果，此人的口碑陡然变得很坏。而其他四位，第二年都顺顺当当评上了。那位前一年没评上并获得广泛同情的员工吃了多少亏呢？一年的工资差，不过是几百元。倒是那位最先评上职称的员工却因争名夺利对同事恶语相加，丧失了人格和名誉，这损失岂是区区几百元钱所能赎回来的呢？凡是磨炼心性、提高道德修养、行事低调的人，必须有木石一样坚忍的意志。低调做人必须拥有一种宛如行云流水般的淡泊胸怀，假如有贪恋功名利禄的念头，就会陷入危机四伏的险地，终将导致身败名裂的悲惨下场。

利用自己的特点赚钱

何以称英雄？识以领其先。

——袁枚

　　一些有声誉的老店和一些名牌商店,消费者对它产生了信任感,店里的商品价格可以定高一些。这样既提高了商品的价格,也提高了商品的声望。

　　美国亚利桑那州大峡谷沙漠中有一家麦当劳的分店,游人都喜欢在这里解决肚子问题,其实这儿的价格比其他地方的麦当劳连锁店高出一大截,正如店家标榜的"本店价格最贵",但人们并不在乎,因为此"贵"非彼"贵",其贵在有理,且看店堂里醒目的"诚告顾客":

　　由于本地常常缺水,所需用水需从100千米以外运来,其费用是常规的25倍,为吸引顾客,我们需支付较其他地方高得多的工资,为了在旅游淡季亦能正常营业,本店还得随季节亏损,又由于远离城市,地处偏僻,本店的原料运输昂贵,所有这些因素使本店的价格昂贵,但我们为的是向您提供服务,相信会理解这一点。

　　话说到这个份上,理由再明白不过了。游人尽管吃着"最贵"的汉堡包、热咖啡、土豆条,但没人有被"宰"的感觉,反之觉得钱花得"值",其实,这里定价贵的最根本的原因还在于麦当劳本身的魅力。1996年美国十大商标中麦当劳超过了可口可乐得第一位。本来以麦当劳"世界各地一模一样"的宗旨,它不应该在地理位置较差的地方提供同样服务而收取更高的价格,这个例外最根本之处是它本身的声誉,这也体现了美国人的精明之处,也是麦当劳之所以敢于宣称"有教堂的地方就有麦当劳"的原因。

　　社会的发展日新月异,人的消费意识和消费品位也趋于从大众化走向个性化。以自己独具个性的产品适合消费者的个性消费,这已是摆在新世纪经商者面前回避不了的课题。所谓个性产品,就是要为自己的产品制造"人无我有"的营销氛围。

　　在"人无我有"的意识上,再往下引申,那就是为赚钱敢于为他人不为,做他人不做。

　　现在的商战,就是快鱼吃慢鱼,只要你想得比别人早,动作比别人快,

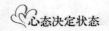

你就能够获得成功！

机会处处都在，只是有些人不敢去想，有些人不敢去做。因此，有的人去想了，也去做了，所以他们成功了。2002 年韩日世界杯开战前，当韩国商人指望赚中国球迷的钱时，有一个中国球迷却异想天开，要赚韩元。2002年 6 月底，他携女友从韩国看球归来时，果真带回 1 亿多韩元，约合人民币100 余万元。看"世界杯"，竟然让他成了百万富翁！

这个不同寻常的小伙子名叫蒋超。

刚满 30 岁的蒋超是湖南长沙一家电脑公司的销售员。蒋超想，世界杯召开之际，一定有很多商机，但是走许多人想到的发财之路，很难发财，一定要赚别人想不到的钱。

蒋超和女友随旅行团来到了韩国。有心赚韩元的蒋超，果断决定不同女友一起去西归浦看中国队的比赛，而是选择了前往韩国队首场比赛的地点——釜山。

蒋超独自来到釜山。他发现当地商人在出售价格便宜的铜制"大力神杯"。蒋超心中一动：这种铜制品又贵又沉，自己何不用塑料泡沫仿制呢？这样，又便宜又能带入赛场，这样球迷们肯定更喜欢。

说干就干，第二天一大早，蒋超就买回了原料和工具，在宾馆里做起了他的"大力神杯"，做完后用金粉一刷，嘿，还真像那么回事！兴奋之下，他没日没夜地赶工，韩国队与波兰队的比赛开始前，他已经赶制出了 152 只漂亮的"大力神杯"。

比赛当天，蒋超将这些"大力神杯"拉到了釜山体育场的入口处叫卖，每只 1 万韩元。但无人问津，蒋超在心里默默祈祷：韩国队，只有你们赢了，我的这些产品才卖得出去啊！

开赛第 25 分钟，韩国先入一球，体育场内顿时欢声雷动，蒋超凭直觉感到韩国队今天会大胜，便立刻叫雇来的那个人火速去收购商场里的韩国国旗，一共买到了 1000 余面。蒋超决心放胆赌上一把。

比赛的结果韩国队以 2 ：0 干脆利落地击败了波兰队，极度兴奋的韩国球迷们冲出球场，大肆庆祝韩国队的胜利。这时，蒋超摆放在那儿的韩国国旗和"大力神杯"顿时成了抢手货，它们很快便被抢购一空。兴奋的球迷们甚至连价格都不问，拿了东西丢下 10 万、20 万韩元就走。当天夜里，在韩国人排山倒海的欢呼声中，疲惫不堪的蒋超开始盘算他的收益：扣除各项成本，他净赚 1000 万韩元（约合 7 万元人民币）。

首战告捷，更坚定了蒋超"赚韩元"的信心。第二天，蒋超立马赶赴韩国队第二轮比赛的城市大丘。在他的鼓动下，女友也改变了原来的游览计划，赶来大丘与他会合。两人夜以继日地赶制塑料泡沫"大力神杯"。眼见韩国队荷兰籍主教练希丁克在韩国的威信日升，精明的蒋超不仅定制了荷兰国旗，还特意找当地人印制了希丁克的画像。他的成本价才 25 韩元的"大力神杯"，最高甚至卖到了 15 万韩元一只。

蒋超和女友收获最大的还是在仁川，这次他们多了个心眼，赛前仅出售了一半带来的"大力神杯"和韩、荷两国国旗。他们决定把另一半生意做到比赛现场。

这次比赛，韩国队击败了夺冠大热门葡萄牙队。看台上的韩国人都疯狂起来了。蒋超和女友仅在现场批发、零售希丁克的画像就赚了 2000 万韩元。

赛后，首次冲进 16 强的韩国人足足庆祝了三天三夜，而这三天三夜的庆祝又带给了蒋超他们上千万韩元的进账！韩国队八分之一决赛的对手，是曾三夺世界杯的老牌劲旅意大利队。除了韩国人自己，几乎没有人相信韩国队能过这一关。这一次连蒋超也犹豫了。他关在宾馆里反复观看了两队在小组赛的录像。最后，他得出一个让女友都极力反对的结论：韩国队很可能爆冷门战胜意大利队。蒋超决定再赌一把。他收购了赛场所在地大田市场所有商场的"大力神杯"仿制品，同时，自己雇用工人连夜赶制他的得意之作——塑料泡沫"大力神杯"。最后他又动起了脑筋，联想到朝鲜队曾经在1966年以1：0击败过意大利队，而韩朝统一的呼声日盛，那么1966 again（意译为"再现1966年的奇迹"），一定可以赢得韩、朝两国人民的认可。蒋超当即跑去找人印制了印有1966 again的旗帜。事实证明这一招非常成功！赛场里，民族情绪空前高涨的韩国人手里挥舞从蒋超那儿买来的巨幅旗帜和"大力神杯"，又跳又叫的场面让全世界的观众都为之动容。

当比赛进行到最后一分钟，韩国队奇迹般地打进扳平的一球时，全场观众山呼海啸般地喊起了"1966again"，他们疯狂地挥舞着"大力神杯"和"韩国国旗"，连在现场观战的韩国总统金大中，也忘情地挥舞着一只仿制的"大力神杯"。让蒋超倍感骄傲的是，这只"金杯"正是金大中总统的侍从赛前临时以12万韩元的价钱，从他的手中购得的！

在韩国队与德国队进行半决赛时，蒋超又别出心裁地卖起了希丁克的塑像。赛场外，希丁克塑像遭到哄抢，最高卖到8万韩元一只。最让蒋超吃惊的是，三四名决赛后，现场大屏幕上韩国总统金大中手中居然又拿着一件他的作品——希丁克石膏塑像！

2002年6月底，蒋超和女友回到湖南，带回来的竟然是1亿多韩元，折合成人民币有100余万元。看球看成了百万富翁，真是令人惊叹不已！

蒋超在接受记者采访时感叹："其实世界杯为所有的人都提供了商业契机，只是我们中间的绝大多数人不敢去想、不敢去做而已！"许多人都认为，能否获得机会，主要是看运气的好坏。固然，运气的基本要素是偶然性，但它对于任何人都是一视同仁的。也就是说，所有的人"交好运"的可能性一样多，在机会面前人人平等。关键在于有的人把握了，有的人没有把握。如果说好运和机会有什么偏爱的话，那就是爱因斯坦所说的，它只偏爱有准备的头脑。

争当第一个吃螃蟹的创业者，就是要敢于去尝试创新，敢于利用自己的特点，找出适合自己或企业发展的路；而且还要敢为天下先，永争第一。相反，如果不敢自己尝试创新，等看到别人成功后才步人后尘，企图分一杯羹，许多情况下只会有别人捡了西瓜我捡芝麻的结局。

小生意里有大财富

会赚小钱一样能成大气候。

——李嘉诚

做生意不怕小，就怕不赚钱。很多人总看不起一些小生意，好像要赚大钱就得搞房地产、卖汽车。这种想法其实大错特错了，看不起小生意的人最后只会落得个"大钱赚不着，小钱不会赚"的下场。

成功源于发现细节，一桩小生意里很可能暗藏着大乾坤，一个不起眼的小机会说不定就能让你创造奇迹。

范先生选择在欧洲的丹麦自谋财路，混迹生意场几年，他想到利用自己独具特色的手艺可以广纳财源，于是他就开了一家中国春卷店。开始时生意并不好。范先生一番调查后明白了，纯粹的中国式春卷并不合欧洲人的胃口。他重新进行精心选择和配制，不再运用中国人常用的韭菜肉丝馅心，而是采用符合丹麦人口味的馅心。这一独具匠心的改变，外加范先生的不懈努力，原来惨淡经营的小店顾客络绎不绝，慕名而来者云集，积累了资金后，范先生不失时机地扩大生意。范先生就是凭着自己非同寻常的观察视角，利用有利的时机把事业推向高峰的。

他放弃了以前的手工操作，开始采用自动化滚动机新技术来生产中国春

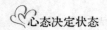

卷，并投资兴建了"大龙"食品厂，还建了相配套的冷藏库和豆芽厂。生意越做越大，范先生的春卷开始向丹麦以外的国家出口。他坚持"中国春卷西方口味"这一秘诀，针对欧洲各国人的不同口味，采用豆芽、牛肉丝、火腿丝、鸡蛋或笋丝、木耳、鸡丝、胡萝卜丝、白菜、咖喱粉、鲜鱼等不同原料来制作，生产出来的春卷营养卫生、香脆可口，风格各异，因而深受欧洲各国人的喜欢。

由于大龙春卷价格稳定，又适合西方人口味，范先生的订单滚滚而来，生意扩展到欧洲各国。20世纪70年代末，经美国国会的专家化验鉴定后，美国政府决定每天向范先生订购十万只符合美国人口味的大龙春卷，以供给美国驻德国的五万士兵食月。

1986年，墨西哥正在举办第十三届世界杯足球赛的时候，大批球迷忙于看球连吃饭都顾不上。范先生抓住这个机会，按照墨西哥人的口味习惯，生产了一大批辣味春卷销往墨西哥，结果被抢购一空。

范先生不断扩大生产规模，运用新的设备和技术，由原本默默无闻的小商贩一举成为赫赫有名的大商户。由于他的公司产品质量上乘，服务一流，中国式春卷名声大振。

作为商人，怎样将渴望变成现实，并以小赚大呢？这是功力同时也是智慧的呈现。

许多经商者渴望自己能做大宗买卖，赚大钱，但那毕竟是"大款"的专利，底子薄的人可望而不可即。其实，小生意也可以带来高利润，小东西一样可以赚大钱。范先生就是这样慧眼独具，靠小春卷起家，成了大富翁的。

常常是一些别人熟视无睹的小商品中孕育着大商机，如果你能动脑筋去开发，你就会成为成功者。

西村金助是一个制造沙漏的小厂商。沙漏是一种古董玩具，它在时钟未发明前是用来测算每日的时辰的，时钟问世后，沙漏已完成它的历史使命，而西村金助却把它作为一种古董来生产销售。

沙漏作为玩具，趣味性不多，孩子们自然不大喜欢它，因此销量很小。但西村金助找不到其他比较适合的工作，只能继续干他的老本行。沙漏的需求越来越少，西村金助最后只得停产。

一天，西村翻看一本讲赛马的书，书上说："马匹在现代社会里失去了它运输的功能，但是又以高娱乐价值的面目出现。"在这不引人注目的两行字里，西村好像听到了上帝的声音，高兴地跳了起来。他想："赛马骑手用的马匹比运货的马匹值钱。是啊！我应该找出沙漏的新用途！"

就这样，从书中偶得的灵感，使西村金助的精神重新振奋起来，把心思又全都放到他的沙漏上。经过苦苦的思索，一个构思浮现在西村的脑海：做个限时三分钟的沙漏，在三分钟内，沙漏上的沙就会完全落到下面来，把它装在电话机旁，这样打长途电话时就不会超过三分钟，电话费就可以有效地控制了。

于是西村金助就开始动手制作。这个东西设计上非常简单，把沙漏的两端嵌上一个精致的小木板，再接上一条铜链，然后用螺丝钉钉在电话机旁就行了。不打电话时还可以作装饰品，看它点点滴滴落下来，虽是微不足道的小玩意，也能调剂一下现代人紧张的生活。

担心电话费支出的人很多，西村金助的新沙漏可以有效地控制通话时间，售价又非常便宜，因此一上市，销路就很不错，平均每个月能售出三万个。这项创新使沙漏转瞬间成为对生活有益的用品，销量成千倍地增加，濒临倒闭的小作坊很快变成一个大企业。西村金助也从一个小企业主摇身一变，成了腰缠亿贯的富豪。

西村金助成功了，而且是轻轻松松，没费多大力气。可是如果他不是一个有心人，即便看了那本赛马的书，也逃不脱破产的厄运，还很可能成为身无分文的穷光蛋。它给人们一个启示：成功会偏爱那些留心小事物的有心人。

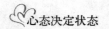

小细节、小机会中藏着致富的机遇，很多时候留心小事物就能抓住打开成功之门的钥匙，因此小生意不但不能轻视，反而要更加重视。

小钱也能做成大生意

益知天下事当于大处着眼，小处下手。

——曾国藩

我们要记住，钱是可以生钱的，因此不可以轻视小钱，因为经过良好的运作，小钱同样可以做成大生意。

如果现在给你五千元钱，让你在寸土寸金的闹市区盖起一栋大楼，你一定会认为是天方夜谭，这点小钱怎么可能做成大事？！不过有一个人就凭着这点小钱创造了奇迹。

王君怀揣着五千元人民币只身闯广东，现在，面对平地而起的广厦千间，像面对生日宴会上的蛋糕。他踌躇满志地开始切蛋糕了：留两层自用足矣；一至四层出租，每年坐收租金五百万元；其余十层全部售出，获购房款四千余万元。除去各种费用，他还净赚二千万元。

高楼万丈平地起，王君用的是巧办法。王君初闯广东，适逢房地产热，地价疯涨，要想建房，要么花大价钱买地皮自建，要么出资与当地人合建，然后分成。真可谓：有钱出钱，有地出地，没钱没地靠边稍息。王君没钱又没地，可是他不愿靠边稍息，他想到了租地。

于是，他骑着自行车，到处找可租之地，终于找到了一家即将迁往城外的工厂。王君提出，租地七十年，建巴蜀大厦，建成后，每年交厂方十一万元。他特地向厂方强调："租期内你们将收入七百七十万元。"厂方听说七百七十万的租金,比卖地还多不少的钱,挺划算的,很快就拍板同意了。

这是王君下的一招妙棋:第一,租地不用像买地那样预付大量的现款,就把别人的地变成了"自己的地";第二,在租金上占了大便宜。寸土寸金的闹市区,两亩多地每年租金才十一万,与后来他盖起十六层大楼后仅其中四层的租金每年就五百万元比起来,简直是九牛一毛。虽说租期内租金共有七百七十万,但那是要用漫长的七十年作分母来除的啊。厂方得到微薄的租金,失去了七十年的机会。

王君大功告捷,聪明处在于他用浓彩重墨渲染了七百七十万这一庞大数字,瞒天过海掩饰仅仅十一万的年租金。

地皮落实后,他马上又通过新闻媒介向四川各地广而告之:四川省将在广州市建一"窗口"——巴蜀大厦,现预订房号、预收房款,使他轻而易举地集资两千万元。他省钱省事搞到了地皮,又走捷径解决了建房款。建房时,又恰逢建房热急剧降温,建房大军无米下锅,只要有活干、能糊口,亏本也愿接工程。王君把工程包出去,不但不用给承建方工程预付款,而且还要求对方垫支施工,大楼建了一半,承建方已垫支了数百万。

王君未动自身分毫,借鸡生蛋,坐拥广厦千万间。

现在你还认为小钱无用吗?事实证明小钱也能做成大生意,不过这也需要你有头脑、有创意才行。

小男孩拉里·艾德勒才十四岁时,成就就相当杰出了。如今,他经营着三种生意,年收入已超过十万美元。

拉里·艾德勒是在九岁那年开始小本创业的。那年,凭着父亲借给他的十九美元,他开设了一间剪草公司。他独自一个人,靠一部二手剪草机找活干。一年之后,他用赚来的钱投资,又买了一台新机器,第三年,又买了五台机器,生意就像滚雪球一样越滚越大了。

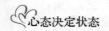

　　拉里·艾德勒经营的剪草公司，还将专利出售给美国、加拿大等国对此项目有兴趣的人，同时，拉里还到处去讲学，教人如何经营剪草公司。拉里的公司除了为客户剪草之外，还兼做扫落叶和铲雪服务。

　　拉里的第二种生意，是开设了一间儿童用品专卖公司。有一次，拉里进了一万个胶篮，然后把一些糖果装进篮中交给零售店，结果一下子都卖光了。拉里善于组织各种货物，将它们组合后出售，使客源不断。

　　拉里的第三家公司，是为教青少年如何做企业家提供服务的咨询公司。拉里在公司里教授与自己年龄相仿的人如何经商赚钱，还借给他们本钱，鼓励他们积极创业。

　　拉里说："做生意不在乎年龄大小，也不在乎本钱多少，关键要有创意，要用发财的眼光去看待每一件事，找出它们能够生财的支点来，然后你就知道该怎样做了。"

　　拉里的目标是，在十八岁时赚足四亿美元。

　　听到小男孩拉里·艾德勒的故事的人免不了要对"小不点"肃然起敬。不仅是佩服他小小年纪就有雄心大志，更是佩服他独具匠心的创业方式，用小钱做成了大生意。

　　想赚钱就要不惧钱少，不厌利小，尤其是我们家底薄弱时，更应该对小商品、小利润给以更大的关注，勿以其小而不为，只要你全力去做，小投入也会成大气候。

第七章

以包容的心态看人
以豁达的状态待人

在人际交往中，仅仅有前面所说的"练达"
是不够的，还应该以豁达的状态待人。豁达不是
简单的大大咧咧，而是能以包容、宽怀的心看待
别人的高低对错，以坦然恬静的心情对待自己的
成败得失。

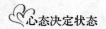

宽恕别人就是在宽恕自己

不会宽容人的人，是不配受到别人的宽容的。

——贝尔奈

也许昨天，也许很久以前，有人伤害了你，你不能忘记。你本不应受到这种伤害，于是你把它深深地埋在心里等待报复。不过现在你应该明白，这样做是毫无益处的，不肯放过别人就是不宽恕自己。

在这个世界里，一个人即使是出于好意也会伤害他人。朋友背叛你、父母责骂你、爱人离开你……总之，每个人都会受到伤害。

人一旦受到伤害的时候，最容易产生两种不同的反应：一种是怨恨，一种是宽恕。

怨恨是你对受到深深的、无辜伤害的自然反应，这种情绪来得很快。女人希望她的前夫与他的新妻子倒霉；男人希望背叛了他的朋友被解雇。无论是被动的还是主动的，怨恨都是一种郁积着的邪恶，它窒息着快乐，危害着健康，它对怨恨者的伤害比被怨恨者更大。

消除怨恨最直接有效的方法就是宽恕。宽恕必须承受被伤害的事实，要经过从"怨恨对方"，到"我认了"的情绪转折，最后认识到不宽恕的坏处，从而积极地去思考如何原谅对方。

宽恕是一种能力，一种停止伤害继续扩大的能力。

宽恕不只是慈悲，也是修养。

生活中，宽恕可以产生奇迹，宽恕可以挽回感情上的损失，宽恕犹如一个火把，能照亮由焦躁、怨恨和复仇心理铺就的黑暗道路。曾任纽约州长的威廉·盖诺被一份内幕小报攻击得体无完肤之后，又被一个精神残疾打了一枪几乎送命。他躺在医院为他的生命挣扎的时候，他说："每天晚上我都原谅所有的事情和每一个人。"这样做是不是太理想了呢？是不是太轻松、太好了呢？如果是的话，就让我们来看看那位伟大的德国哲学家，也就是"悲观论"的作者叔本华的理论。他认为生气就是一种毫无价值而又痛苦的冒险，当他走过的时候好像全身都散发着痛苦，可是在他绝望的深处，叔本华叫道："如果可能的话，不应该对任何人有怨恨的心理。"当耶稣说"爱你的仇人"的时候，他也是在告诉你：怎么样改进你的外表。你一定见过这样的女人，她们的脸因为怨恨而有皱纹，因为悔恨而变了形，表情僵硬。不管怎样美容，对她们容貌的改进，也及不上让她心里充满了宽容、温柔和爱所能改进的一半。

怨恨的心理，甚至会毁了你对食物的享受。圣人说："怀着爱心吃菜，也会比怀着怨恨吃牛肉好得多。"

要是你的仇人知道你对他的怨恨使你精疲力竭，使你疲倦而紧张不安，使你的外表受到伤害，使你得心脏病，甚至可能使你短命的时候，他们不是会拍手称快吗？

即使你不能爱你的仇人，至少也要爱你自己。要使仇人不能控制你的快乐、你的健康和你的外表。就如莎士比亚所说的："不要因为你的敌人而燃起一把怒火，热得烧伤你自己。"

你也许不能像圣人般去爱你的仇人，可是为了你自己的健康和快乐，你至少要忘记他们，这样做实在是很聪明的事。艾森豪威尔将军的儿子约翰说："我父亲不会一直怀恨别人。"他说："我爸爸从来不浪费一分钟，去想那些不喜欢的人。"在加拿大杰斯帕国家公园里，有一座可算是西方最美丽的山，这座山以伊笛丝·卡薇尔的名字为名，纪念那个在 1915 年 10 月 12 日像军人一样慷慨赴死——被德军行刑队枪毙的护士。她犯了什么罪呢？因为她在比利时的家里收容和看护了很多受伤的法国、英国士兵，还协助他们逃到荷兰。在十月的那天早晨，一位英国教士走进军人监狱——她的牢房里，为她做临终祈祷的时候，伊笛丝·卡薇尔说了两句将刻在纪念碑上不朽的话语："我知道光是爱国还不够，我一定不能对任何人有敌意和恨。"四年之后，她的遗体转移到英国，在西敏寺大教堂举行安葬大典。人们常常到国立肖像画廊对面去看伊笛丝·卡薇尔的那座雕像，同时朗读她这两句不朽的名言。托尔斯泰曾经讲过这样一个故事：有位国王想励精图治，如果有三件事可以解决，则国家立刻可以富强。第一，如何预知最重要的时间。第二，如何确知最重要的人物。第三，如何辨明最紧要的任务。于是群臣献计献策，却始终不能让国王满意。

国王只好去问一位极为高明的隐士，隐士正在垦地，国王问这三个问题，恳求隐士给予指点。但隐士并没有回答他。隐士挖土累了，国王就帮他继续干。天快黑时，远处忽然跑来一个受伤的人。于是国王与隐士把这个受伤的人先救下来，裹好了伤口，抬到隐士家里。翌日醒来，这位伤者看了看国王说："我是你的敌人，昨天知道你来访问隐士，我准备在你回程时截击，可是被你的卫士发现了，他们追捕我，我受了伤逃过来，却正遇到你。感谢你的救助，也感谢你让我知道了这个世界上最宝贵的东西，我不想做你的敌人了，我要做你的朋友，不知你愿不愿意？"国王听了微笑着说："我当然愿意。"

国王再去见隐士，还是恳求他解答那三个问题。隐士说："我已经回答你了。"国王说："你回答了我什么？"隐士说："你如不怜悯我的劳累，因帮我挖地而耽搁了时间，你昨天回程时，就被他杀死了。你如不怜恤他的创伤并且为他包扎，他不会这样容易地臣服你。所以你所问的最重要的时间是

'现在'，只有现在才可以把握。你所说的最重要人物是你'左右的人'，因为你立刻可以影响他。而世界上最重要的是'爱'，没有爱，活着还有什么意思？"学着宽恕吧！遇事记恨别人的人，往往不能从被伤害的阴影中平安归来，痛苦总是如影随形，受伤害的反而是自己。因此，你一定要尽己所能地宽恕别人，这样做也正是在宽恕自己。

返璞归真会觉得更轻松

但愿每次回忆，对生活都不感到负疚。

——郭小川

有人说过这样的一句话："年轻的时候，拼命想用'加法'过日子，一旦步入中年以后，反而比较喜欢用'减法'生活。"

所谓"加法"，指的是什么都想要多、要大、要好。例如，钱赚得更多、工作更好、职位更高、房子更大、车子更豪华等等；当进入中年之后，很多人反而会有一种迷惘的心态，花了半生的力气去追逐这些东西，表面上看来，该有的差不多都有了，可是，自己并没有变得更满足、更快乐。

人生在不同的阶段，需要的东西自然也会有变化。

每个人在来到这个世上时都是两手空空，没有任何东西，因此重要的事情也只是"吃喝拉撒睡"。

随着岁月流逝人的年纪越来越大，生活也开始变得复杂。除了一大堆的责任、义务必须承担之外，身边拥有的东西也开始多了起来。

之后，便不断地奔波、忙碌，肩上扛的责任也愈来愈重。而那些从各处弄来的东西都是需要空间存放的，所以，需要的空间也愈来愈大，当我们发现有了更多的空间之后，立刻毫不迟疑地又塞进新的物品。当然，累积的责任、承诺以及所有要做的事也不断地增加。

曾有这么一个比喻："我们所累积的东西，就好像是阿米巴变形虫分裂的过程一样，不停地制造、繁殖，从不曾间断过。"那些不断增多的物品、工作、责任、人际、财务占据了你全部的空间和时间，许多人每天忙着应付这些事情，累得早已喘不过气，几乎耗掉半条命，每天甚至连吃饭、喝水、睡觉的时间都没有，也没有足够的空间活着。

拼命用"加法"的结果，就是把一个人逼到生活失调、精神濒临错乱的地步。这是你想要过的日子吗？

这时候，就应该运用"减法"了！

这就好像参加一趟旅行，当一个人带了太多的行李上路，在尚未到达目的地之前，就已经把自己弄得筋疲力尽。唯一可行的方法，是为自己减轻压力，就像将多余的行李扔掉一样。

著名的心理大师容格曾这样形容，一个人步入中年，就等于是走到"人生的下午"，这时既可以回顾过去，又可以展望未来。在下午的时候，就应该回头检查早上出发时所带的东西究竟还合不合用？有些东西是不是该丢弃了？

理由很简单，因为"我们不能照着上午的计划来过下午的人生。早晨美好的事物，到了傍晚可能显得微不足道；早晨的真理，到了傍晚可能已经变成谎言"。

或许你过去已成功地走过早晨，但是，当你用同样的方式度过下午，你会发现生命变得不堪负荷，窒碍难行，这就是该丢东西的时候了！

用"加法"不断地累积，已不再是游戏规则。用"减法"的意义，则在于重新评估、重新发现、重新安排、重新决定你的人生优先顺序。你会发现，在接下来的旅途中，因为用了"减法"，负担减轻，不再需要背负沉重的行李，你终于可以自在地开怀大笑！

爱人即爱己

人家帮我，永志不忘；我帮人家，莫记心头。

——华罗庚

　　关爱他人，你所付出的仅是一点爱心，但你收回的却是巨大的幸福。请相信爱心是能够被传递的，关爱别人就是在关爱自己。有一个人被带去观赏天堂和地狱，以便比较之后能让他聪明地选择自己的归宿。他先去看了魔鬼掌管的地狱。第一眼看去条件非常好，因为所有的人都坐在酒桌旁，桌上摆满了各种佳肴，包括肉、水果、蔬菜。

　　然而，当他仔细看那些人时，发现没有一张笑脸，也没有伴随盛宴的音乐或狂欢的迹象。坐在桌子旁边的人看起来沉闷，无精打采，而且皮包骨头。更奇怪的是，那些人每人的左臂都捆着一把叉，右臂捆着一把刀，刀和叉都有四尺长的把手，使它们不能用来自己喂自己吃，所以即使每一样食物都在手边，结果他们还是吃不到，一直在挨饿。

　　然后他又去了天堂，景象却完全一样：同样食物、刀、叉与那些四尺长的把手，然而，天堂里的居民却都在唱歌、欢笑。这位参观者困惑了。他奇怪为什么条件相同，结果却如此不同。在地狱的人都挨饿而且可怜，可是在天堂的人吃得很好而且很快乐。最后，他终于看到了答案：地狱里每一个人都试图喂自己，可是一刀一叉，以及四尺长的把手根本不可能吃到东西；天堂里的每一个人都是喂对面的人，而且也被对面的人所喂，因为互相帮助，所以，谁都可以吃到食物。在关爱他人的同时，你就是在为自己播下一枚与人为善的种子。随着时光的流逝，它会发芽、抽叶，直至长得枝繁叶茂。它不仅能够为他人挡风遮雨，也能呵护你、安慰你获得幸福。

任何一种真诚而博大的爱都会在现实中得到应有的回报。付出你的爱，给别人力所能及的帮助，你的人生之路将多通途，少险阻。小城里有一对待人极好的夫妇不幸下岗了，在朋友、亲属以及街坊邻居们的帮助下，他们开起了一家火锅店。

刚开张的火锅店生意清冷，全靠朋友和街坊照顾才得以维持。但不出三个月，夫妇俩便以待人热忱、收费公道而赢得了大批的"回头客"，火锅店的生意也一天一天地好起来。

几乎每到吃饭的时间，小城里的七八个大小乞丐，都会成群结队地到他们的火锅店来行乞。

夫妇俩总是和颜悦色地对待这些乞丐，从不呵斥辱骂。其他店主，则对这些乞丐连撵带哄，一副讨厌至极的表情。而这夫妇俩则每次都会笑呵呵地给这些肮脏邋遢、令人厌恶的乞丐盛满热饭热菜。最让人感动的是夫妇俩施舍给乞丐们的饭菜，都是从厨房里盛来的新鲜饭菜，并不是那些顾客用过的残汤剩饭。他们给乞丐盛饭时，表情和神态十分自然，丝毫没有做作之态，就像他们所做的这一切原本就是分内的事情一样，正如佛家禅语所说的，这是一对"善心如水的夫妻"。

日子就这样一天一天地过着，一天深夜，火锅店周围燃起了大火，火势很快便向火锅店窜来，如果温度过高，店里的液化气罐很可能引发爆炸。

这一天，恰巧丈夫去外地进货，店里只留下女主人照看。一无力气二无帮手的女店主，眼看辛苦张罗起来的火锅店就要被熊熊大火吞没，女店主却束手无策，这时，只见平常天天上门乞讨的乞丐们，不知从哪里跑了出来，在老乞丐的率领下，冒着生命危险将那一个个笨重的液化气罐搬运到了安全地段。紧接着，他们又冲进马上要被大火包围的店内，将那些易燃物品也全都搬了出来。消防车很快开来了，火锅店由于抢救及时，虽然也遭受了一点小小的损失，但最终还是保住了。而周围的那些店铺，却因为得不到及时的救助，货物早已烧得精光，火锅店重新开张之后，几个乞丐就做了店里的伙计。从那以后，火锅店的生意更是越做越大，那对夫妇把火锅店的连锁店一直开出了小城，遍布了整个城市。生活就像是山谷里的回声，你喊"我恨你"，它也会回答我"我恨你"，你喊"我爱你"，它也会回答你"我爱你"。以自己的诚心爱别人，就像是在生活的银行里存了一笔钱，当你在危难时，你存入的那笔钱自然会起作用。而且你存的越多，收益也就越多，而且它还会给你带来一种附加值，那就是：极好的信誉和人缘。让你在世间越行越豁达。

谁踩了你的脚

只要你不计较得失，人生还有什么不能想法子克服的？

——海明威

生活中，不要总想着事事争强，处处占上风，这样的心态只会害了你，因为只知道占便宜的人就是最容易吃亏的人。

公交车上总是会有那么多人，从来就没有空的时候。这日莎燕下班回家，在公司门前的那个站牌等公车。千等万等，终于来了一趟。

哇！公车里好多的人，黑压压的只能看见一堆脑袋。

莎燕努力地向上挤，终于挤上了车。但挤车时一不小心，踩了旁边的胖大嫂一脚。胖大嫂的大嗓门叫开了："踩什么踩，你瞎了眼了？"莎燕原本还想道歉，但一听这话，面子上挂不住了，"就踩你了，怎么着？"

于是，两个女人的好戏开演了。双方互相谩骂，恶语相加。随着火力的升级，两人竟然动起了手，胖大嫂先给了莎燕一下，莎燕也立即以牙还牙，两手都上去了，在胖大嫂脸上乱抓一通。还是边上的人好心，才把两人拉开了。莎燕的指甲长，抓破了胖大嫂的脸，而她却没怎么受伤。想到这里，莎燕不禁得意起来。

终于回到了家，一进家门莎燕便向老公倒起了苦水。不过她倒认为自己没吃亏，反倒把那恶妇抓破了脸，讲到这里一脸的灿烂，这时老公看了她一眼，惊奇地问道，你右耳朵上的那个金耳坠呢？莎燕一摸耳朵，耳坠早已不见了……

我们经常以为"以牙还牙"就是让自己不吃亏的最大原则，总以为别人占自己一分便宜，自己就要想尽办法占三分回来，否则自己就是吃了大亏，但是事实真的像我们想象的那么单纯吗？

其实不然，因为，当你得意扬扬地以为自己什么亏都没吃到，实际上，可能反而是吃了大大的亏。

别人无意中踩了你一脚，实属无心无意之举，何必吹胡子瞪眼，弄得鸡飞狗跳，不欢而散？况且，局面越是混乱就越容易出意外。与其给人以可乘之机，倒不如心平气和相互道一声"对不起"，不就什么事都解决了吗？

有一位先生到一家保龄球馆打保龄球。

相邻球道一位小姐提起一个10磅球，碎跑几步，朝球瓶奋力掷去，哪知道她那无缚鸡之力的纤纤玉指没把球抓稳，球不朝目标飞去，却听"哎哟"一声尖叫，球重重地砸在了旁边一位先生的脚上，痛得他嗷嗷直叫。血浸透袜子，左脚大拇指的指甲已经脱落。

小姐吓得面色发紫，惊惶失措，一个劲地说："对不起，请原谅，我该死，我第一次打保龄球，请多多包涵。"那位先生并未恼怒，而是忍痛笑道："小姐，你再练了一定能次次击中，我的脚指头那么小都能打中，球瓶那么大还能打不中？"小姐忍不住扑哧一声笑红了脸："十指连心，可你忍着不喊疼，真是男子汉。"先生又歪咧着嘴说："我不是女人，也不是太监，只能是男子汉了！"

小姐执意要送这位先生去医院。后来，这个意外事故的结尾却成就了一个美好故事的开端，他们谈起了恋爱，并终成眷属。妻子夸丈夫："他坚强勇敢，胸襟宽广，为人和气，机智幽默，懂得体贴，谅解他人过失，是值得终生依靠的男人。"丈夫也说："当初我要骂一顿，吵一通，既不解痛，也不解气，何苦来着？丢了个指甲盖，却捡来个好妻子，真是吃亏是福啊！"

心胸宽广一点吧，吃点小亏并不会给你带来太大损失，反而会让你赢得更多的敬意和人缘，这样看来吃亏又何尝不是在占便宜呢。

学会分享而不是"吃独食"

自己脑子里只是满装着自己，这种人正是那种最空虚的人。

——莱蒙托夫

独占好处是一种狭隘的心态，它会扭曲你的心理，造成心理贫穷，并最终毁灭自己。因此我们应当学会分享。一个农夫请无相禅师为他的亡妻诵经超度，佛事完毕之后，农夫问道："禅师！你认为我的亡妻能从这次佛事中得到多少利益呢？"

禅师照实说道："当然！佛法如慈航普度，如日光遍照，不只是你的亡妻可以得到利益，一切有情众生无不得益呀。"

农夫不满意地说："可是我的亡妻是非常娇弱的，其他众生也许会占她便宜，把她的功德夺去。能否请您只单单为她诵经超度，不要回向给其他的众生。"

禅师慨叹农夫的自私，但仍慈悲地开导他说："回转自己的功德以趋向他人，使每一众生均沾法益，是个很讨巧的修持法门。'回向'有回事向理、回因向果、回小向大的内容，就如一光不是照耀一人，一光可以照耀大众，就如天上太阳一个，万物皆蒙照耀；一粒种子可以生长万千果实，你应该用你发心点燃的这一根蜡烛，去引燃千千万万支的蜡烛，不仅光亮增加百千万倍，本身的这支蜡烛，并不因此而减少亮光。如果人人都能抱有如此观念，则我们微小的自身，常会因千千万万人的回向，而蒙受很多的功德，何乐而不为呢？故我们佛教徒应该平等看待一切众生！"

农夫仍然顽固地说："这个教义虽然很好，但还是要请禅师为我破个例吧。我有一位邻居张小眼，他经常欺负我、害我，我恨死他了。所以，如果禅师能把他从一切有情众生中除去，那该有多好呀！"

禅师以严厉的口吻说道："既曰一切，何有除外？"

听了禅师的话，农夫更觉茫然，若有所失。自私、狭隘的心理，在这个农夫身上表露无遗。每个人都希望自己好，但如果你容不得别人好或别人比你好，那就是自私加狭隘。自私、狭隘会毁了自己的生活，我们必须努力使自己学会与人分享。村里有两个要好的朋友，他们也是非常虔诚的教徒。有一年，决定一起到遥远的圣山朝圣，两人背上行囊，风尘仆仆地上路，誓言不达圣山朝拜，绝不返家。

两位教徒走啊走，走了两个多星期之后，遇见一位年长的圣者。圣者看到这两位如此虔诚的教徒千里迢迢要前往圣山朝圣，就十分感动地告诉他们："从这里距离圣山还有 7 天的路程，但是很遗憾，我在这十字路口就要和你们分手了，而在分手前，我要送给你们一个礼物！就是你们当中一个人先许愿，他的愿望一定会马上实现；而第二个人，就可以得到那愿望的两倍！"

听完了圣者的话，其中一个教徒心里想："这太棒了，我已经知道我想要许什么愿，但我绝不能先讲，因为如果我先许愿，我就吃亏了，他就可以有双倍的礼物！不行！"而另外一个教徒也自忖："我怎么可以先讲，让我的朋友获得加倍的礼物呢？"于是，两位教徒就开始客气起来，"你先讲吧！""你比较年长，你先许愿吧！""不，应该你先许愿！"两位教徒彼此推来推去，"客套地"推辞一番后，两人就开始不耐烦起来，气氛也变了："烦不烦啊？你先讲啊！""为什么我先讲？我才不要呢！"

两人推到最后，其中一人生气了，大声说道："喂，你真是个不识相、不知好歹的家伙啊，你再不许愿的话，我就把你掐死！"

另外那个人一听，他的朋友居然变脸了，竟然来恐吓自己！于是想，你这么无情无义，我也不必对你太有情有义！我没办法得到的东西，你也休想得到！于是，这个教徒干脆把心一横，狠心地说道："好，我先许愿！我希望……我的一只眼睛……瞎掉！"

很快地，这位教徒的一只眼睛瞎掉了，而与他同行的好朋友，两只眼睛也立刻都瞎掉了！狭隘的心理不但让两个好朋友闹翻脸，甚至还让人通过伤害自己的方式来毁灭他人。如果一个人养成了狭隘自私的心态，那么他会变得多可怕呀！所以我们必须学会和他人分享。林帆被老板叫到办公室去了，他领导的团队又为公司的项目开发做出了杰出贡献。送茶进去的秘书出来后告诉大家，老板正在拼命地夸林帆，她从来没见过老板那样夸一个人，研发小组的几个人脸沉了下来："凭什么呀！那并不是他一个人的功劳！""对呀！为了这个项目，我们连续加了 17 天的班！"正在这时，老板和林帆来到了大厅。"伙计们，干得好！"老板把赞赏的目光投向几个组员，"林部长向我夸赞了你们所付出的努力！听说有两个还带病加班是吗？真诚地谢谢你们！

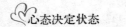

这个月你们可以拿到三倍的奖金！"老板话音刚落，几个同事就冲过去拥住林帆一起欢呼起来，并表示以后会跟着林部长，为公司继续努力工作！懂得分享的人，才能拥有一切；自私狭隘的人，终将被人抛弃。无论是工作中还是生活中，我们都要摈弃自私狭隘的习惯，否则我们就会伤害到自己。

助人才能得到快乐

人的生命是有限的，可是，为人民服务是无限的，我要把有限的生命，投入无限的为人民服务之中去。

——雷锋

冷漠自私的心态会拉大人与人之间的距离，一个过分在意自己所有，无视他人困苦的人，终究会被他人抛弃。一个寒冷的夜晚，一个简陋的旅店来了一对上了年纪的客人，不幸的是，这间小旅店早就住满了人。

"这已是我们寻找的第 4 家旅社了，这鬼天气，到处客满，我们怎么办呢？"这对老夫妻望着阴冷的夜晚发愁。

店里的小伙计不忍心让这对老年客人受冻，便建议说："如果你们不嫌弃的话，今晚就睡在我的床铺上吧，我自己打烊时在店堂打个地铺。"

老年夫妻非常感激。第二天他们要按照旅店住宿价格付客房费，小伙计坚决地拒绝了。临走时，老年夫妻开玩笑地说："如果你经营旅店，你可以当上一家五星级酒店的总经理。"

"是吗？真希望是那样，我也想多挣一点，让家人过得舒舒服服的！"小伙计随口应和地哈哈一笑。

没想到，两年后的一天，这个小伙计收到一封寄自纽约的来信，信中夹有一张往返纽约的双程机票，信中邀请他去拜访当年那对睡他床铺的老夫妻。

小伙计来到繁华的大都市纽约，老年夫妻把小伙计带到大街上，指着那儿的一幢摩天大楼说："这是一座专门为你兴建的五星级宾馆，现在我正式邀请你来当总经理。"

小伙子因为一次举手之劳的助人行为，美梦成真。这就是著名的奥斯多利亚大饭店的总经理乔治·波菲特和他的恩人威廉先生一家的真实故事。这个小伙计给了老年夫妻一次热情的帮助，而他得到的回报是一家五星级酒店。很多时候帮助别人就是在帮助自己，乐于助人的人会得到厚报，而冷漠自私的人只会伤害到自己。

生活中，一些人冷漠自私，在他们固有的思维模式中，认为要帮助别人自己就要有所牺牲，所以事不关己何必为别人费心呢？其实别人得到的并非你自己失去的，帮助别人就是在帮助你自己。下面这个小故事就可以很好地说明这一点：瑞士的一个小渔村里，有一个叫罗吉的少年，他是一个热心的小伙子，非常乐于助人，他以自己的经历，再次向人们证明了：帮助别人其实就是在帮助自己。

那是一个漆黑的夜晚，巨浪击翻了一艘渔船，船员们的性命危在旦夕。他们发出了求救信号，而救援队的队长正巧在岸边，听见了警报声，便紧急召集救援队员，立即乘着救援艇冲入海浪中。

当时，忧心忡忡的村民们全部聚集在海边祷告，每个人都举着一盏提灯，以便照亮救援队返家的路。

两个小时之后，救援艇冲破了浓雾，向岸边驶来，村民们喜出望外，欢声雷动，当他们精疲力竭地跑到海滩时，却听见队长说："因为救援艇的容量有限，无法搭载所有遇难的人，无奈只得留下其中的一个人。"

原本欢欣鼓舞的人们，听见还有人危在旦夕，顿时都安静了下来，所有人的情绪再次陷入慌乱与不安中。

这时，来不及停下喘息的队长立即开始组织另一队自愿救援者，准备前去搭救那个最后留下来的人。

17岁的罗吉立即上前报名，然而，他的母亲听到时，连忙抓住他的手，阻止说："罗吉，你不要去啊！10年前，你的父亲在海难中丧生，而3个星期前，你的哥哥约翰出海，到现在也音讯全无啊！孩子，你现在是我唯一的依靠，千万不要去！"

看着母亲，罗吉心头一酸，却仍然强忍着心疼，坚定地对母亲说："妈妈，我必须去，如果每个人都说'我不能去，让别人去吧'，那情况将会怎么样呢？妈妈，您就让我去吧，这是我的责任，只要还有人需要帮助，我们就应当竭尽全力地救助他。"

罗吉紧紧地拥吻了一下母亲，然后义无反顾地登上了救援艇，和其他救援队员一起冲入无边无际的黑暗中。

一小时过去了，虽然只有一个小时，但是对忧心忡忡的罗吉母亲来说，却是无比漫长的煎熬。终于，救援艇冲破了层层迷雾，出现在人们的视野中，大家还看见罗吉站在船头，朝着岸边眺望，众人不禁向罗吉高喊："罗吉，你们找到留下来的那个人了吗？"

远远的，罗吉开心地朝人群挥着手，大声喊道："我们找到他了，他就是我的哥哥约翰啊！"罗吉不顾母亲的劝阻，坚持去救援，令人倍感温馨的是，他救回来的竟是自己的哥哥！他的乐于助人使他得到了意想不到的回报。现实生活中，有很多冷漠自私的人，他们不愿为别人着想，不愿帮助别人，结果，他们就像一个孤岛一样，没有朋友，当他们出了问题，也很少有人愿意帮助他们！

生活就像山谷回声，你付出什么就得到什么，你帮助的人越多，得到的就越多。因此，如果你有能力帮助别人的话，请千万别选择冷漠。

理智对待非议

人的理智就好像一面不平的镜子，由于不规则地接受光线，因而把事物的性质和自己的性质搅混在一起，使事物的性质受到了歪曲，改变了颜色。

——培根

有一句名言：走自己的路，让别人说去吧。

这句话常用在不被人理解时的自我心态调节。的确是这样，一味地关注别人的态度，会使自己失去原有的工作和生活准则，让自己陷入不必要的痛苦和烦恼之中。小许的父母都是国家的领导干部，他家是一个典型的高干家庭。从小到大，赞扬与微笑一直包围着他。上学时，班干部选举他总是"要职"，老师也特别喜欢他，常常有个别老师热情地邀请他去自己家中，给他"开小灶"，因此，他的学习成绩总是名列前茅。就这样他顺利地完成了中小学的学校生活，跨入了大学的门槛。

千万别以为是他的父母为他铺平了学习之路，其实小许不是那种依仗家势的"纨绔子弟"。他学习勤奋努力，乐于助人，生活朴素大方，在校期间是学生会干部，工作确实较为出色，同学们也十分佩服他，认为他是凭着自己的实力取得这样的成绩。可是，仍免不了有些素质差、心眼小的学生说出些风言风语，说他之所以一切顺利，是因为他有个好家境。

带着荣誉和少许的议论，小许的大学生活就这样结束了。他顺利地进入了一家全国知名的企业，并进入了最有潜力的部门。

小许并未因此而得意忘形，在工作上，他兢兢业业，一丝不苟，与同事的关系处得很好。而且在工作之余他没有放弃学习，不断吸收新知识。于是两年内小许连升两级，担任了项目副主管，他是公司成立至今提升最快的项目负责人。

明眼人都明白这是小许平时的勤奋得到了回报，所有的成绩都是他努力的结果。但还是有人在对他的赞扬声中掺杂了些许其他的声音。

"谁不知道他爸爸是干部呀，没有老子撑腰这么年轻能爬升得这么快吗？"

"啊，难怪……"

小许可以不去理会人们的私下议论，但有些话传到小许耳朵里时，他还是感到不舒服。他不像从前那样有说有笑了，甚至变得沉默寡言。他自认为只要不开口，时间一长大家会理解的，哪知，他的少言并没有减少议论的话语，大家反而说他官大就不认识人了，他觉得工作的环境越来越压抑。

他每天工作都小心翼翼，很少出办公室面对同事们，怕自己哪句话说不好大家又议论他。对于上级交代的工作任务，总是前思后想，难以决定，怕伤害到哪一个同事的利益，遭到背后的指点。他的工作积极性不再那么高了，业务质量也下降了，信心一落千丈，做事畏首畏尾。他整天思考的问题就是："他们是不是又在背后议论我了？"这个问题令他苦不堪言，他整日惶惶不安，使原本和谐的生活不再充满情趣。"人在风中走，难免身着沙"，一个人处在一个群体中，不可能不被议论，我们既是别人的谈论话题，也是谈论他人的一员，因为你的生活范围决定了你行为和结果的内容。

嘴长在别人身上，想要别人不谈论你，除非你不是这个集体中的一分子，和众人没有利害关系。做个隐形人最合适，但这根本不可能实现。那么知道有人在背后偷偷地说你时，只要你没当场听见，说明他的话根本见不得大众，你又何必去理会这些见不得光的"酸风醋雨"呢？如果让它们渗入你的身体，折磨你的神经，腐蚀你的信心，那你真是太傻了！

如果没有做错事情，你就不必担心别人怎么想。挺起胸膛，让众人的挑剔成为激进你的力量。"时间能证明一切"。让你日后的行为为你证明吧，行动胜于一切语言的表白，时间会让你的形象比以前更加高大，更加坚实。

任何人的成功都会伴随着一些坎坷，凡是有所成就的人，定在某些方面有所失，其行为也常常不被众人理解。行走在通往成功的道路上，你会发现，当你取得成绩时，不了解你的人，会忽视你的努力，而在你成功的过程上添加他们认为合理的因素。这是你总要面对的，想要人人都理解你，根本不可能。你要做的是，别去理会，用实力改变他们的想法。

一个人既然不能脱离群体而独立存在，那么就想办法融入其中。与同事融洽相处是一门学问，最重要的是真诚。当他们工作中有困难时，你应该在你能力范围内及时予以帮助；置之不理，冷眼旁观，甚至落井下石，那样的同事关系永远是冷漠的。当他们遇到问题需要询问你的意见时，用你的所知所懂告诉他们，即使说得不好或并不适用，他们也会感动你的"听"，一个肯"听"别人的人还会招人讨厌吗？如果他因心情不悦说话办事时冒犯了你，但并没有跟你说"对不起"，你要保持冷静，以无所谓的态度，真心真意地原谅他；如果今后他有求于你时，你应该不计前嫌并毫不犹豫地帮助他。

那有人会说："我为什么要这样忍辱负重？那样一点个性都没有，即使我这样，他们还议论我怎么办？"继续原谅，让宽容的心包容一切。你是他们的同事，除了睡觉你每天的大半时间都是跟他们在一起。如果不与他们处好关系，整天郁闷不堪，那意味着你失去了一天中获得快乐与满足的大部分时间。

在竞争日益严重的今天，不相识的人之间都存在激烈的竞争，何况同事呢？同事之间存在竞争是很正常的现象，在一个没有竞争的公司只会使人的斗志渐失。有竞争才有激情。但是，一味地强调竞争，也会使人压力重重，使竞争的意义不再单纯，出现不可避免的摩擦。因此要懂得如何把因竞争带来的摩擦降到最低程度，学会把竞争导向对自己有利的方向。

小许的情况在现在的企业公司并不少见，年纪轻轻，职位高就，当然会受到一些资深职员对他能力与成就的怀疑猜测，在背后议论他的家世，在工作上与他较劲，在其他事情上故意为难。从心理学上讲，这是一种发泄，是为求得心理平衡采取的不理智方式。公司的大环境是这样，如果无力改变，就去适应，协调与同事的关系，因为与同事很好地合作有着不可轻视的作用。

所以，当有人在背后议论你时，你最应该做的就是调整自己的心态，静下心来想一想，是否自己也有做得不妥的地方，发现后迅速改正，让所有的议论声随着时间消失。客观理智地对待他人的背后议论，有助于树立自己的好形象，有助于事业的成功。

己所不欲，勿施于人

最高的圣德便是为旁人着想。

——雨果

孔子告诫人们说："己所不欲，勿施于人。"意思是自己不喜欢做的事，不要强加在别人身上。这是一种很高的人生道德修养，也是为人处世应有的准则。战国时期，梁国和楚国相接，两国在边境上各设界亭，亭卒们也都在各自的地界里种了西瓜。梁亭的亭卒勤劳，时常锄草浇水，瓜秧长势很好；而楚亭的亭卒懒惰，不理瓜事，瓜秧又瘦又弱，与对面瓜田的长势简直不能相比。楚亭的人觉得丢了面子，有一天乘夜无月色，偷跑过去把梁亭的瓜秧全给扯断了。梁亭的人第二天发现后，气愤难平，报告给边县的县令宋就，宋就说："我们也过去把他们的瓜秧扯断好了！这样做当然是很卑鄙的，可是，我们明明不愿意让他们扯断我们的瓜秧，那么，为什么再反过去扯断人家的瓜秧？别人不对，我们跟着学，那就太狭隘了。你们听我的话，从今天开始，每天晚上去给他们的瓜秧浇水，让他们的瓜秧长得好起来。而且，你们这样做，一定不可以让他们知道。"梁亭的人听了宋就的话后觉得很有道理，于是就照办了。楚亭的人发现自己的瓜秧长势一天好似一天，仔细一观察，发现每天早上地都被人浇过了，而且是梁亭的人在黑夜里悄悄为他们浇过水的。楚国的边县县令听到亭卒们的报告后，既感到十分惭愧，又感到十分敬佩，于是把这件事报告了楚王。楚王听说后，感于梁国人修睦边邻的诚心，特备重礼送梁王，既以示自责，亦以示酬谢。结果，这一对敌国成了友好的邻邦。从这个故事可以看出，用己度人，推己及人的方式处理问题可以造成一种重大局、尚信义、不计前嫌、不报私仇的氛围，以及双方宽广而仁爱的胸怀。我们日常的生活处事又何尝不是如此呢？有的人处处小心翼翼，左顾右盼地想找出人事上的参照物来规范自己，约束自己，殊不知有时以此处事，反而会导致初衷与结果的南辕北辙。所以，不妨就按照"己所不欲，勿施于人"的原则，反求诸己，推己及人，则往往会有皆大欢喜的结果。自私自利的人，往往不懂得推己及人，一切以自我为中心，说话处世不顾别人的感受，往往会损害他人的利益，被别人咒骂，既损人又害己，一点也不值得。

　　不明白"己所不欲，勿施于人"的人，总是到处得罪人，最终将自己孤立起来，有时还会引来不必要的麻烦。小李是一个很喜欢开玩笑的人，尤其是喜欢拿公司的同事开玩笑，平时在公司里数他话最多，因为大家同事一场也就没有人责怪他。后来，公司来了一个女同事小刘，小刘刚从大学毕业。但是，小李也不管别人喜欢与否，依旧开起玩笑来，而且都是一些将她与公司的男同事扯到一块的玩笑。小刘还没有结婚，哪里听得他那些玩笑，心里暗暗生了气。后来，她决定要和小李开个大玩笑。最开始，她是到小李所住的家属楼下面去喊他，让他的妻子产生了怀疑。后来，她又打电话给小李，小李的妻子接电话的时候，她就不吭声了，这样一连打了好几次。最后，小李接了电话，小刘说话了，只是告诉小李帮他领工资的事。可是，小李的妻子怎么可信呢？又是在楼下喊，又是打电话，而且打电话还鬼鬼祟祟的，肯定有问题。当天，小李被他妻子罚这罚那的，而且头也被打破了。第二天，小李上班遇到了小刘，赶紧上前去问清楚她为什么要那样做。小刘回答说："李哥，我也没有什么意思，只是和你开个玩笑嘛！"一句话弄得小李哭笑不得。小李爱和别人开玩笑，本来可以活跃气氛，拉近同事间的感情。但是，他开玩笑不分轻重，违反了"己所不欲，勿施于人"的原则，自己不喜欢开的那种玩笑却拿到同事身上开起来，同事以牙还牙，给了他一个大大的教训。

　　所以，做人一定要注意"己所不欲，勿施于人"。反求诸己，推己及人，用衡量自己的标准去衡量别人，自己不喜欢的东西千万不要推给别人，只有这样，您才会掌握好处世之道。

第八章

坏心态变成好心态
自我调控是关键

　　没有谁高明到不犯错误，在心态问题上是
也是如此。聪明人与愚蠢者的区别在于，会不会
及时通过心态转换实现状态的自我调控。蒙牛老
总牛根生有句话说得好："（心态）就如同翻一页
书……高手翻到的全是天使，不是因为魔鬼不存
在，而是他能把魔鬼变成天使。"

改变心态就是在改变命运

事情取决于我们如何看待它们。

——奥·斯韦特·马顿

命运是可以改变的，因为它取决于你的心态，如果你能正视自我，并改变那些不良的心态，那么你的命运也会随之改变。

知道了自己的错误，勇于承认，并毫不犹豫地改掉它，这是一件比较困难的事。英雄豪杰之所以是英雄豪杰，圣贤之所以是圣贤，就是在这一点上有过人之处。

明代的时候，有一个著名的人物，叫袁了凡。

袁年少时曾在一个名叫慈云寺的寺庙里遇上了一位姓孔的老人。老人长须飘然，仙风道骨，长得超凡脱俗。经过一番交流之后，袁就把老者请到了自己家中，母亲说："好好接待孔先生，让他给你算一算命，看灵不灵。"结果，孔先生算他以前的事情丝毫不差。

孔先生告诉他："你明年去考秀才，要经过好几次考试。先要经过县考，县考时，你考中第十四名；县上面有府，府考时，你考中第七十一名；府上面有省，省考时，你考中第九名。"第二年，他去参加考试，果然没有错，孔先生算准了。

于是，袁又让孔先生为他推算终身的命运。孔先生告诉他："你某年应考第几名，某年可以廪生补缺，某年可以当贡生。当贡生后，某年又会去四川一个大县当县令，三年半后，便回到家乡。在五十三岁这一年的八月十日丑时，你将寿终正寝，可惜终身无子。"袁了凡将这一切都详详细细地记录下来，并且铭记在心。

令人称奇的是，自第二年后每次考试的名次都与孔先生所算一致。

从此以后，袁真的明白了，一个人一生的吉凶祸福、生老病死、贫富贵贱，都是上天安排好了的，不能强求。命里没有的，怎么动脑筋、怎么努力都得不到；命里有的，不用多想、也不用怎么努力，自然就会有。于是，他认命了，无求、无得、无失，心里真正地平静了下来。

他当了贡生以后，在北京住了一年，终日静坐，毫无想法，也不读书写字，真可谓心如止水。因为他知道了自己的命运，想也没用，所以，他什么都不想了。

一年，袁回到南方，去朝廷所办的大学——南京的国子监游学。入学之前，他到南京栖霞山拜访了著名的云谷禅师。他与云谷禅师在禅堂里对坐，三天三夜都没合眼，依然精神饱满。云谷禅师暗暗称奇，心想：如此年轻之人，怎么会有这么高深的定力呢？真是难得！难得！

于是，云谷禅师问道："凡夫之所以不能成为圣人，是因为心中有杂念和妄想。你坐在这里三天三夜，我没有看到你有一个妄念。这是什么原因呢？"

袁回答道："因为我已经知道了自己的命运。二十年前，有一位姓孔的先生早就算定了，我一生的吉凶祸福、生老病死都是注定的，还有什么好想的呢？想也没有用，所以干脆就不想了。"

云谷禅师笑了笑，说道："我还以为你是一位定力高深的豪杰，原来也只是一个凡夫俗子。"

袁向云谷禅师请教："此话怎讲呢？"

云谷禅师说："人的命运为什么会被注定呢？这是因为人有心、有妄想。

人如果没有了心、没有了妄想，命运就不会被注定。你三天三夜不合眼，我以为你抛开了妄想，没想到你仍有妄想，这妄想就是——你什么都不想了。"

袁问道："既然如此，那么按照你的说法，难道命运可以改变吗？"

云谷禅师说道："儒家经典《诗经》和《尚书》里都说过这样一句话——命由我作，福自己求。这的确是至理名言。任何人的命运都是由自己的心态决定的，人的幸福也全看自己怎样去追求。佛家经典中也说：求富贵得富贵，求男女得男女，求长寿得长寿。妄语是佛家的根本大戒，佛难道还会妄语吗？难道还会欺骗你吗？"

袁进一步向云谷禅师请教："孟子说：'有所求，然后才能有所得。'其意思的确是指求在自己。但是，孟子的话是针对一个人的道德修养而言，人的道德修养无疑可以通过自身的培养而获得，而功名富贵是身外之物，难道通过内在的修身养性也可以获得吗？"

云谷禅师说："孟子的话没有说错，是你自己理解错了。你理解对了一半，另一半你还不知道。其实，除道德修养可以通过内心求得之外，任何一切也都可以求得。你难道没有听过六祖说的这样一句话吗？'一切福田，不离方寸，从心而觅，感无不通'。意思就是说，任何成功和幸福都离不开人的方寸之心，一切追求最终是否成功，都取决于人的心态。要追求一切，首先就必须从追求心灵开始。所以，孟子说的求在自己，不仅仅指道德修养，功名富贵也是如此。道德修养是内在自身的，功名富贵是外在的，但这两者的获得都应该从内心入手，而不要舍弃内心，盲目地在外面去追求。从内心入手，内外的追求都可以得到。如果不反躬内省，只一味地向外追逐，那么，尽管你拼命努力，用尽了许多方法和手段，但这一切都是外在的，内心没有觉悟，你就只能像无头苍蝇一样四处碰壁，最终毫无结果。所以，一个人从外面去追求功名富贵，往往会内外两者都失掉。"

袁听完云谷禅师的话以后，豁然开朗。

云谷禅师告诉他说："孔先生说你不能登科，没有儿子，这是根据你的天性而算定的，这是天作之孽，完全可以通过内心的努力去改变它。只要你扩充自己的德性，改变自己的心态，多做善事，多积阴德，那么，你就能改变自己的命运。《易经》是一部高深的著作，中心思想就是教人趋吉避凶。如果说人的命运是注定的，又何须去趋吉避凶呢？"

听完云谷禅师的话以后，当天，他便改名为了凡，其含义是自己了解了安身立命之说，立志不走凡夫俗子之路，一定要改变自己的命运。从此以后，他整日小心谨慎，不敢让自己的行为越雷池半步。他的心态开始发生了变化。以前，他放纵自己的个性，言行随随便便，过一天算一天。而现在，他时刻警觉，不断反省检点自己的行为，即使一个人独处的时候，也常常感觉有一种无形的力量在注视着自己；遇到有人憎恨诽谤他，他也能安然容忍，内心相当平静，不像从前那样心浮气躁，一点点委屈都受不了。

第二年，礼部进行科举考试。孔先生算他该考第三名，他却考了第一名，孔先生的卦终于不灵验了。秋天的大考，他又考中了举人。孔先生算他命里不会中举，而他居然考中了。

从这以后，袁了凡便对命运变通之说深信不疑，时时刻刻检点反省自己：是否积善行德不勇敢？是否救人的时候常怀疑虑？是否自己的言论还有过失？是否清醒时能做到而醉后又放纵了自己？

改名以后，袁了凡便自己掌握了自己的命运：他有了儿子，取名天启；他不仅考中了举人，而且还考取了进士；孔先生说他命里本应去四川当知县，他后来却在天津宝坻当了知县，最后官至尚宝司少卿；孔先生算他寿命只有五十三岁，他却一直活到七十四岁。

袁了凡的故事。证明了一个奇迹的出现，而大多数人不能实现这个奇迹是因为不能去除自己身上的人性弱点。

每个人的内心都有一些顽固的东西阻碍着自己潜能的发挥，像嫉妒、猜

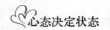

疑、虚荣、刚愎、自卑、懦弱、贪婪、恐惧等等，所以，我们在通往成功的路上不断克服外在困难的过程，实际上也就是一个不断释放潜能的过程，一个克服自己弱点、自己战胜自己的过程。

欣赏自己的不完美

眼中只有瑕疵的人无法发现其他的东西。

——托马斯·富勒

人生确实有许多不完美之处，每个人都会有这样或那样的缺憾。其实，没有缺憾我们就无法去衡量完美。仔细想想，缺憾其实不也是一种美吗？

一位心理学家做了这样一个实验；他在一张白纸上点了一个黑点，然后问他的几个学生看到了什么。学生们异口同声地回答，看到了黑点。于是，心理学家得到了这样的结论：人们通常只会注意到自己或他人的瑕疵，而忽略其本身所具有的更多的优点。是呀，为什么他们没有注意到黑点外更大面积的白纸呢？

一位人力三轮车师傅，五十多岁，相貌堂堂，如果去当演员，应该属偶像派。当别人问他为什么愿做这样的"活儿"，他笑着从车上跳下，并夸张地走了几步给人家看，哦，原来是跛足，左腿长，右腿短，天生的。

问者很尴尬，可他却很坦然，仍是笑着说，为了能不走路，拉车便是最好的伪装，这也算是"英雄有用武之地"。他还骄傲地告诉别人："我太太很漂亮，儿子也帅！"

有这样一位女子，她喜欢自助旅行，一路上拍了许多照片，并结集出版。

她常自嘲地说："因为我长得丑，所以很有安全感，如果换成是美女一个人自助旅行，那就很危险了。我得感谢我的丑！"

英国有位作家兼广播主持人叫汤姆·撒克，事业、爱情皆得意，但他只有 1.3 米，他不自卑，别人只会学"走"，他学会了"跳"，所以，他成功了。他有句豪言："我能够得到任何想要的东西。"

其实，在人世间，很多人注定与"缺陷"相伴而与"完美"相去甚远的。渴求完美的习性使许多人做事比较小心谨慎，生怕出错，因此，必然导致其保守、胆小等性格特征的形成。在现实生活中我们不难发现，有的人长得一表人才，举止得体，说话有分寸，但你和他在一起就是觉得没意思，连聊天都没丝毫兴致。这些人往往是从小接受了不出"格"的规范训练，身上所有不整齐的"枝杈"都给修剪掉了，于是便失去了个性独具的风采和神韵，变得干巴、枯燥，没有生机，没有活力。客观地说，人性格上的确存在着"缺陷美"，即在实际生活中，那些性格有"缺陷"而绝对不属于十全十美的人反而显得更具有内在的魅力，也更具有吸引力。

不仅人自身是不完美的，我们生活的世界也是充满缺憾的。比如：有一种风景，你总想看，它却在你即将聚焦的时候巧妙地隐退；有一种风景，你已经厌倦，它却如影随形地跟着你；世界很大，你想见的人却杳如黄鹤；世界很小，你不想看见的人却频频进入你的视线；有一种情，你爱得真、爱得纯，爱得你忘了自己，而他（她）却视如垃圾，如果能够倒过来，多好，可以不让自己再忍受痛苦。世上有许多事，倒过来是圆满，顺理成章却变成了遗憾。然而，世上的许多事情正是在顺理成章地进行着，我们没办法将它倒过来。

缺陷和不足是人人都有的，但是作为独立的个体，你要相信，你有许多与众不同的甚至优于别人的地方，你要用自己特有的形象装点这个丰富多彩的世界。也许你在某些方面的确逊于他人，但是你同样拥有别人所无法企及

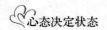

的专长，有些事情也许只有你能做而别人却做不了！

学会欣赏自己的不完美，并将它转化成动力，才是最重要的。

中国古代哲学家杨子曾对他的学生们说：有一次，我去宋国，途中住进一家旅店里，发现人们对一位丑陋的姑娘十分敬重，而对一位漂亮的姑娘却十分轻视。你们知道这是为什么吗？学生们听了之后说什么的都有。杨子告诉他们，经过打听才知道，那位丑陋的姑娘认为自己相貌差而努力干活而且品格高尚，因此得到人们的敬重；那位漂亮的姑娘则认为自己相貌美丽，因而懒惰成性且品行不端，所以受到人们的轻视。

其实，做人的道理也是这样，是否被人尊敬并不在于外貌的俊与丑。美绝不只是表面的，而有着更深层次的内涵。如果表面的美失去了应该具有的内涵，就会为人们所舍弃，那位漂亮姑娘就是最好的例证。勤能补拙，也能补丑，这是那位丑姑娘给我们的启示。

欣赏自己的不完美，因为它是你独一无二的特征。欣赏自己的不完美，因为有了它才使你不至于平庸。不完美使你区别于人，世界也因你的不完美而多了一点色彩。

遗忘让你更快乐

能向后看得越远就可能向前看得越远。

——丘吉尔

上天赐给我们很多宝贵的礼物，其中之一即是"遗忘"。只是我们过度强调"记忆"的好处，却忽略了"遗忘"的功能与必要性。生活中，许多事需要你记忆，同样也有许多事需要你遗忘。

比如，你失恋了，总不能一直溺陷在忧郁与消沉的情境里，必须尽快遗忘；股票失利，损失了不少金钱，心情苦闷提不起精神。你也只有尝试着遗忘；期待已久的职位升迁，人事令发布后竟然没有你，情绪之低可想而知。解决之道别无他法——只有勉强自己遗忘。

只有遗忘了那些不快，才会更好地前进。

然而，想要遗忘却不是想象中那么容易。遗忘是需要时间的，如果你连"想要遗忘"的意愿都没有，那么，时间也无能为力。

一般人往往很容易遗忘欢乐的时光，对于不快的经历却常常记起，这是对遗忘的一种抗拒。换言之，人们习惯于淡忘生命中美好的一切；但对于痛苦的记忆，却总是铭记在心。就如你吃过了糖会很快忘记甜，吃过了黄连却口有余苦。

的确，很多人无论是待人或处事，很少检讨自己的缺点，总是记得"对方的不是"以及"自己的欲求"。其实到头来，还是很少如愿——因为，每个人的心态正彼此相克。

反之，如果这个社会中的每个人，都能够试图将对方的不是及自己的欲求尽量遗忘，多多检讨自己并改善自己，那么，彼此之间将会产生良性的互补作用，这也才是每个人希望达到的。有这样一个故事：有一次，一位女士给了一个朋友三条缎带，希望他也能送给别人。这位朋友自己留了一条，送给他不苟言笑、事事挑剔的上司两条，因为他觉得由于上司的严厉使他多学到许多东西，同时他还希望他的上司能拿去送给另外一个影响他生命的人。

他的上司非常惊讶，因为所有的员工一向对他敬而远之。他知道自己的人缘很差，没想到还有人会感念他严苛的态度，把它当作是正面的影响而向他致谢，这使他的心顿时柔软起来。

这个上司一个下午都若有所思地坐在办公室里，而后他提早下班回家，

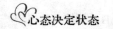

把那条缎带给了他正值青春期的儿子。他们父子关系一向不好，平时他忙着公务，不太顾家，对儿子也只有责备，很少赞赏。那天他怀着一颗歉疚的心，把缎带给了儿子，同时为自己一向的态度道歉，他告诉儿子，其实他的存在带给他这个父亲无限的喜悦与骄傲，尽管他从未称赞他，也少有时间与他相处，但是他是十分爱他的，也以他为荣。

当他说完了这些话，儿子竟然号啕大哭。他对父亲说：他以为他父亲一点也不在乎他，他觉得人生一点价值都没有，他不喜欢自己，恨自己不能讨父亲的欢心，正准备以自杀来结束痛苦的一生，没想到他父亲的一番言语，打开了心结，也救了他一条性命。这位父亲吓得出了一身冷汗，自己差点失去了独生的儿子而不自知。从此这位上司改变了自己的态度，调整了生活的重心，也重建了亲子关系，加强了儿子对自己的信心。就这样，整个家庭因为一条小小的缎带而彻底改观。送人以缎带，证明你已遗忘了相处中所受的那些委屈和责难，忆起别人给你的快乐和益处。而受你缎带者却更能被你感动，看到你的心灵之美，爱你，助你。学会遗忘，拾起那根缎带送给让你受伤的那个人，他将回报你一片灿烂的阳光。

随时抛开坏心情

世间的活动，缺点虽多，但仍是美好的。

——罗丹

心情的好坏是由自己决定的，良好的心态会让你笑口常开，在遇到不如意的事时，你就会换种角度想问题，让快乐始终陪伴自己。

安徒生童话里有这样一个故事：乡村有一对清贫的老夫妇，有一天他们想把家中唯一值点钱的一匹马拉到市场上去换点更有用的东西。老头牵着马去赶集了，他先与人换得一头母牛，又用母牛去换了一只羊，再用羊换来一只肥鹅，又把鹅换了母鸡，最后用母鸡换了别人的一口袋烂苹果。

在每次交换中，他都想给老伴一个惊喜。

当他扛着大袋子来到一家小酒店歇息时，遇上两个英国人。闲聊中他谈了自己赶集的经过，两个英国人听后哈哈大笑，说他回去准得挨老婆子一顿揍。老头子坚称绝对不会，英国人就用一袋金币打赌，二人于是一起回到老头子家中。

老太婆见老头子回来了，非常高兴，她兴奋地听着老头子讲赶集的经过。每听老头子讲到用一种东西换了另一种东西时，她都充满了对老头的钦佩。

她嘴里不时地说着："哦，我们有牛奶了！"

"羊奶也同样好喝。"

"哦，鹅毛多漂亮！"

"哦，我们有鸡蛋吃了。"

最后听到老头子背回一袋已经开始腐烂的苹果时，她同样不愠不恼，大声说："我们今晚就可以吃到苹果馅饼了！"

结果，英国人输掉了一袋金币。看过故事，你可能才发现老婆子的心情一直都很好，不管老头子用一匹马换来换去，换到最后只换得一袋烂苹果，但她仍然没有生气，反而会说："我们今晚就可以吃到苹果馅饼了！"是的，就算你只能得到烂苹果又有什么关系？心情好才是最重要的。况且，一种好心情收获的是一个意想不到的惊喜，为什么要让自己不高兴？有个女人习惯每天愁眉苦脸，小小的事情就能引起她的不安和紧张。孩子的成绩不好，会令她一整天忧心，先生几句无心的话会让她黯然神伤。她说："几乎每一件事情，都会在我的心中盘踞很久，造成坏心情，影响生活和工作。"

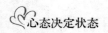

有一天，她有个重要的会议，但是沮丧的心情却挥之不去，看看镜子里自己的脸庞，竟然无精打采。她打电话问朋友该怎么做？"我的心情沮丧，我的模样憔悴，没有精神，怎么参加重要的会议？"

朋友告诉她："把令你沮丧的事放下，洗把脸把无精打采的愁容洗掉，修饰一下仪容以增强自信，想着自己就是得意快乐的人。注意！装成高兴充满自信的样子，你的心情会好起来。很快地你就会谈笑风生，笑容可掬。"她试着按朋友的话去做，当天晚上她在电话中告诉朋友说："我成功地参加了这次会议，争取到新的计划和工作。我没想到强装信心，信心真的会来；装着好心情，坏心情自然消失。"人要懂得改变情绪，才能改变思想和行为。思想改变，情绪会跟着改变。

人在心情不好的时候会不自觉地把坏心情抱得更紧；关门不跟人说话，噘着嘴生闷气，锁着眉头胡思乱想，结果心情更坏、更难过。所以，人要学会放下坏心情，拥抱好心情。

我们想拥有好心情，就得从原有的坏心情中解脱，从烦恼的死胡同中走出来。放下心情的包袱，好好检视清楚，看看哪些是事实，把它留下来，设法解决。哪些是垃圾，是给自己制造困扰的想法；把它扔掉，这就能应付自如，带来好心情。

用释然驱散阴云

人们总爱用鲜花，掌声迎接成功者，但须知成功的路上充满坎坷、荆棘、崎岖，有人爱用责怪、嘲笑对待失败者，但须知失败中包藏着希望，孕育着胜利。

——民间名言

在荷兰首都阿姆斯特丹的一座 15 世纪的教堂废墟上留着一行字：事情是这样的，就不会那样。这句话是告诫我们不要抱怨已经发生的事，而应该学会释然。

这是一个和释然有关的真实故事，是无数第二次世界大战期间发生的故事中的一个：一位名叫伊莎贝尔·萝琳的女人同时送走了丈夫约翰和侄子杰夫参军去前线。不幸的是九个月之后就接到了丈夫约翰的阵亡通知，她伤心至极，如果不是侄子的信，她甚至不知道自己是否还能坚持下去。可是一年半以后的一份电报再次重复了她的不幸：她的侄子杰夫，她唯一的一个亲人也死在战场上了。她无法接受这个事实，决定放弃工作，远离家乡，把自己永远藏在孤独和眼泪之中。

正当她清理东西，准备辞职的时候，发现了当年侄子杰夫在她丈夫去世时写给她的信。信上这样写道："我知道你会撑过去。当我的父母意外去世时你曾这样对我说。你还告诉我在天堂里的父母会看着我，他们希望我坚强而快乐的生活。我永远不会忘记你曾教导我的：不论在哪里，都要勇敢地面对生活，像真正的男子汉那样。现在，为了我也为了天堂里的约翰，我也要你勇敢地面对这个不幸，别忘了你是我最崇拜的好姑妈，请露出你的微笑，能够承受一切的微笑。"

她流着泪把这封信读了一遍又一遍，似乎杰夫就在她身边，一双炽热的眼睛向她发出疑问：你为什么不照你教导我的去做？

萝琳打消了辞职的念头，并一再对自己说：我应该把悲痛藏在微笑后面，继续生活。因为事情已经是这样了，我没有能力改变它，但我有能力继续生活下去，并且会像侄子希望的那样好。她真的做到了，因为她学会了在无法挽回的损失面前释然。此后她不但积极工作，还把余下的生命时光全部献给了福利事业，帮助了无数更需要帮助的人。

人生是一场单程旅行，一去不返。所以在有限的生命历程里，一定要善待自己的生活，认清自己的实力，从事自己能胜任的工作。避免走这篇故事的主人公的弯路：他在现实生活中是一个极度自卑的人，因为受教育的程度与他现在工作的要求差距很大，有限的知识积累已不能十分胜任这份工作，而且没有一技之长，社会经验和阅历都不甚丰富。他深知自己的缺陷，也尽力去弥补，但总也找不到合适的方法，收效甚微。为此他心理承受了巨大的压力，当看到与自己年龄相仿的朋友一个个都比自己强，甚至比自己年龄小、学历低的人都已超过自己时，他更是急上加急。他想尽了各种办法，比如投入更多的时间看书读报、学英语、上补习班……几乎在他现今能力所能做到的补差方法都做到了，但还是收获不大，工作中还是时常碰壁，他的自卑的情绪更加严重，几乎到了神经崩溃的边缘。无奈之下他只好求助于心理医生。听了他的情况，医生告诉他学习是一项长久坚持的事情，学习的成效与其他事情不一样，效果不是当时就能看得到的，它是一种内在涵养的提高，在生活中只能潜移默化地起作用。

最后医生告诉他一个治疗方法，就是去找一份与自己的学识水平相当的工作，甚至稍低一些会更好。因为相对简单的工作，可以使业余时间加长，而且还可能会干得比现在好，有利于增强自信；如果利用多出来的空闲时光读书学习，会使自己的生活更充实。他照着医生的建议去做了，一年以后，他神采奕奕地站在医生面前，不是来看病，而是来感谢医生。

因为他学会了在无法弥补的缺失面前释然。其实，解决问题的方法很简单，就是使自己处于能解决问题的地方。认清自己，知道自己适合什么，让自己处于最佳的位置。学会用释然驱散生活事业的阴云，就会让自己生活在一片晴空之下。

让释然成为好心态一点也不难，只要你随时能够在不可避免的不如意面前释然；在无法弥补的缺失面前释然；在难以挽回的损失面前释然；在种种只能这样不能那样的事情面前释然。也许，当我们学会释然之后会惊喜地发现，曾令我们困苦不已的阴云已经消散。其实，如果不是我们的心看不开，事情原本就不像我们想象的那么糟糕。

适时"变心"

烦恼与欢喜，成功和失败，仅系于一念之间。

——大仲马

有这样一个例子，一位叫罗丝的女士，有一个幸福的家庭，丈夫疼爱她，女儿喜爱她，她总是觉得自己是世界上最幸福的人。可是，有一天不幸发生了。那天她回到家里，小女儿听到她的开门声和脚步声，急忙从二楼的房间飞奔而出迎接她，像一只快乐的小鸟。她的女儿只顾着高兴，没注意脚下的楼梯，一不小心在楼梯上摔了个跟头，从楼上滚了下来，当时就死了。罗丝悲痛欲绝，整天沉浸在失去女儿的痛苦之中，看到与女儿有关的每一件东西，她都会垂泪，工作和生活都乱糟糟的。有位教会的老太太听说她的情况后前来安慰她，对她说："我自己没有亲生的儿女，但我照顾了很多流落街头的女孩子，她们的健康状况是我最牵挂的，每当她们生病无法医治时，我的难受不小于你，所以我能理解你的心情。现在我年事已高，照料这些孩子已经很吃力了，我恳求你来接手我的工作，将您对女儿的爱转给她们，或许这样能让你忘却自己的忧伤。"

罗丝女士考虑再三后接受了这份工作。忙碌的工作虽然不能使她完全忘记自己的痛楚，但每当看到女童们在她的照顾关爱下健康活泼的样子，她的伤痛就会大大减轻。当一个人处于一种难以解脱的精神困惑时，从原有的生活环境跳出来，让自己因关注其他的事情而减轻以往不悦的精神，无疑是一个改变心态的良方。

只有"心"变了，属于你的世界才可能有阳光照耀，只有爱博大了，你的生命才更有意义。

我们生活中绝大多数人都在过着一种循规蹈矩的、平平淡淡的日子，这没有什么不好。但为什么我们觉得生活没有什么意思？这是因为我们心灵深处的某些东西受到了压抑，认为也没有什么"临危不惧的英雄本色"、"天降大任于斯人"等诸如此类大显身手的机会，很多人失去了激情与活力，留下的只是一种疲惫懈怠。

作家叶天蔚曾经写过这样一段话："在我看来，人生最糟糕的境遇不是贫困，不是厄运，而是精神心境处于一种无知无觉的疲惫状态，感动过你的一切不能再感动你，吸引过你的一切不能再吸引你，甚至激怒过你的一切也不能再激怒你，即使是饥饿感和仇恨感，也是一种强烈让人感到存在的东西，但那种疲惫会让人不住地滑向虚无。"

这是一种很可怕的状态，也许你不可能换一种更能激起你热情的工作，也许你更不能去重新组合家庭，但你可以改变心态，给生命画布中适当地增加一些色彩，如红黄蓝，保持住心灵的年轻与弹性。其实生活本身与世界本身都是多姿多彩的，关键是看你有没有一颗善于捕捉的心。

工作地点没变，你可以换换上下班的方式或乘车路线，如你每天骑自行车，今天你可以乘坐公共汽车，观察一下周围匆匆忙忙的各种表情的人群；工作内容没变，但可以换一种方式看看是否提高了效率，或许会得到意想不到的结果；周末是否全家出去看场美国大片；节假日是否狠心去吃顿大餐，体会一下到豪华场所消费的快感；安排些力所能及的旅游项目，去看看秋叶泛黄显红、万里长城的雄伟；试着动手拆装自行车、电视机，看自己是否比你想象中的还要心灵手巧；培养一些适合自己的业余爱好，坚持下去就会发现其乐无穷；搞些可能的投资活动，买点股票……

晴天雨雪，酷暑严霜，一日三餐，朝九晚五，也许生活环境难以改变，但你可以改变心情。永远怀着感恩的心情去体验造物主的厚赐，带着积极的心态去体会每一点变化的不同。你有无数种改变可以选择，把一潭波澜不兴的死水变成欢快奔流的小溪。

雾后是晴天

你不能左右天气，但你能转变自己的心情。

——歌德

雾挡住了太阳，模糊了我们的视野，使人的心情也像雾一样灰暗不明。许多人都因一大早见到雾而郁郁寡欢，但也有的人见到雾反而兴奋不已，因为他知道大自然的雾，日出便消散，雾后是晴天。看见浓雾，他会自语："很快便要雾散日出。"而不是一味地心情沉重。同样是雾天，不同的是人的心态，乐观的人看到是雾后的天，悲观的人只见雾、不见天。

换一种心情去看雾，你会减少许多的忧愁和不必要的郁闷；换一种心态对待生活，你会收获许多的快乐。当我们因昨天与朋友闹一场误会而心头茫然时，应该立刻运用沟通的手段，让和解的阳光尽早出现。打个电话，发个短信或电子邮件，送一件包含歉意的礼物……你的所作所为都是天晴前的浓雾，慢慢地雾散了，朋友又回到了你身边。那种愉悦无以言表。

因此无论何时都应该想到雾只是薄薄一层，它后面有个好太阳，又亮又温暖，它会把雾收去，交给世界一个好晴天。

只有拥有阳光般的心态，才会拥有阳光般的生活。

一个人在工作或者生活不开心的时候，内心比较脆弱，所以很容易对他人产生不当的期待。我们时常在这种情绪低落的时候，把我们见到的每一个人都当成是我们的朋友，向他倾诉我们的不幸，并渴望获得安慰与同情。你的每个朋友都愿意听你诉苦吗？

对于每个人来说，随时遭遇无法预料的危机，本身就是一件非常平常的事情。家里小孩生病、至爱亲友死亡、婚姻亮起红灯等，这些大大小小的问题都会使我们压力倍增，心力交瘁，精神疲惫，进而影响我们的情绪，从而使烦恼剪不断，理还乱。

人在遭受挫折的时候，往往会感到非常脆弱，但是无论问题多严重，最好不要找同事倾诉，更不要四处找人哭诉。如果一定要发泄，也一定要找办公室以外的朋友，否则很可能给同事造成你"有病"的印象。

曾经有人说，这个世界上的每一个人都是以自我为中心的，每个人的视角也完全是被自己先天或后天形成的思维定式所左右，所以每个人都有不同的注意力，喜欢把注意力集中在自己感兴趣的事情之上。比如说，你们夫妻最近经常无端地发生口角，你察觉你和你太太的关系已经发生危机。而且也许这个时期又是公司最紧张的时候，你的业务也很繁重。在家庭和业务的压力下，你很容易陷入无奈情绪的陷阱，处于一个相当低落的时期。大多数人在情绪低落的时候，总是希望别人给予关怀，对自己伸出援助之手。所以你在这种情况下，稍不留神就会失去自控力，家庭问题上的苦闷和事业的压力让你急需有人倾听你的感受，帮你发泄心中的郁闷和不满。

不是每个人都是我们可以信赖的朋友，而且每个人都有自己感兴趣的事情，你对他们倾诉一些你自己觉得催人泪下的事情其实并不会博得他们的同情，反而会觉得你小题大做，没能力处理好一些简单事件等。

仔细想想，这种渴望同情与注意的心理是一种小孩心态。我们都见过这样的画面：许多时候，当一个孩子摔倒以后，他并不是马上张嘴大哭，而是看周围有没有人注意他，如果有人的话，他就会惊天动地哭起来；若没有人，他一般就会无可奈何地爬起来，继续做他的游戏。小孩子的这种把戏会让人觉得可爱好玩，但如果换作一个成年人呢？

大自然的雾消散很快，生活上的雾，在好心态的驱逐下，一样停留不了多久。当心情不好时，想想浓雾散失的过程吧。浓雾天，虽然向上空望不见太阳，但能看见它四周的银环，那是晴天的希望，你只需要想到阳光一定能穿透雾气照射大地，今天一定是个好天气。渐渐地环绕在太阳周围的雾气慢慢淡化，蓝天逐渐显现出来。又过了一会儿，云块飞快地退去，万里无云的天空，闪闪发光的太阳出现在你面前，照亮你的心灵。

其实，每个人都会有不少烦心的事儿，大家也许都在"水深火热"中挣扎，何必总拿自己的不开心强加到人家头上呢？除非迫切需要帮助，否则即使是最好的朋友，也不要拉着人家陪你一道悲伤，还是自我调节为好。要相信雾后是晴天，黎明前的黑暗过去就是初升的太阳。

给自己一个波澜不惊的平静心态

宠辱不惊，闲看庭前花开花落。去留无意，漫观天上云卷云舒。

——佚名

人们面对现实世界，有多少令我们心境不宁的事情。

每天，当我们打开电视和报纸，都会看到许多令人不安的新闻。欧洲又发现了一例"疯牛病"，你情不自禁地会想：我今天吃的牛肉汉堡可别有"疯牛病"……股市又下跌了，你开始担心自己买的股票……美国发生了校园枪击事件，你在震惊之余，又为你在美国留学的孩子揪起了心……医生说，坐便马桶不卫生，会传染性病。你又忽然紧张起来，因为你白天开会时刚刚使用了楼里的公共卫生间……

在家中，在单位，甚至走在大街上，你也会遇到许多烦心的事：孩子功课不好，又不用功；单位领导莫名其妙地冲你发火，为一件微不足道的小事足足批评了你一个小时；在路上，一个人嫌你挡了他的道，骂骂咧咧没个完……

正如古人所说，人们面对着外界的这些混乱干扰，心情怎么能够承受得了？

那么，该如何办呢？保持心情的宁静。只要稍微宁静下来，你眼前的一切就会是完全不同的情形。

让我们试着用平和宁静的心情来看待那些曾让我们心烦意乱的外界干扰。

世界就是这样，每天都会有很多坏消息、坏事报道出来了，说明人们已经有了警觉。如果自己无力改变，相信会有人去改变，自己以后当心一点儿就是了。孩子让你操心，但最终要靠他自己努力，你尽到责任就可以了，不必为此而闹心。领导可能是有烦心事，不过是拿你当出气筒，不要太在意，受点儿委屈，也就过去了。路上遇到的那个人是很无礼，但你现在早已脱离了那人，忘了那人吧，那人早已走了，你还在为他而生气，不是继续替那人折磨自己吗……

庄子说："至人无己。"

"无己"即破除自我中心，亦即抛弃功名束缚的小我，而达到与天地精神往来的境界。

从这里可以看出，庄子所主张的超脱，实际上是摆脱了一切之后的无知无欲，表现在人生理想上，那就是"无名"，即独与天地相往来的独善其身。

对于生活在现实中的我们而言，庄子对天地精神的崇拜，固然是显得玄虚了一些，但针对构成我们世界的纯利益追求以至于忘却了自己的人来说，庄子的宏论和超脱还是具有一定借鉴意义的。

任何人也不能做到如庄子所言无知无欲而达到超脱，但效法天地之自然浑成，而注意自我心性的保持，能够超然物质欲求之外，也许，倒亦是颇为有益的境界。

关于此，庄子曾在"逍遥游"中讲了这样的寓言：

尧把天下让给许由，说："日月都出来了，而烛火还不熄灭，要和日月比光，不是很难为吗？先生一在位，天下便可安定，而我还占着这个位，自己觉得很羞愧，请容我把天下让给你。"

许由说："你治理天下，已经很安定了。而我还来代替你，要为着名利吗？是为着求地位吗？小鸟在森林里筑巢，所需不过一枝，鼹鼠到河里饮水，所需不过满腹。你请回吧，我要天下做什么呢？"

这则寓言是说：天地之间广大无比，而在此之中，人所需又如此的渺小，拿自己的所需与天地相比那不是很可怜吗？那么何不效法天地之自然，而求得心性的自由和逍遥呢。

庄子要给予我们的也许是一种极宏远的宇宙观，让人认识到至广至大的极限处，解脱自我的封闭，超越世俗的小我。庄子的这种宇宙观，难道不是一种智慧的体现吗？

作为生命的个体，我们是淹没在万象的生命之中的。但正是作为个体，我们才时常能真切感受到生命的世界所具有的伟大和恢宏。

只要你觉得自己是一个值得一活的人，人生的危机就不会妨碍你去过充实的生活。如此，就会有一种安全感取代焦虑不安，而你也就可以快快乐乐地活下去，把不安之感减低到最低限度。有了这种"安全感"，也就自然会有心灵的平和宁静。

要保持宁静的心态，可以在遇到烦心的事时有意识地改变一下想法。比如在乘公共汽车时碰到交通堵塞，一般人会焦躁不安，但你可以想："这正好使自己有机会看看街道，换换脑子。"如果朋友失约没来找你玩，你也不必心生烦闷，你可以想："不来也没关系，正好自己看看书。"这样转换想法，就可以使烦躁的心境变得平和起来。

在痛苦中超越自己

生命是一条艰险的狭谷，只有勇敢的人才能通过。

——米歇潘

人的一生中，不如意的事要比如意的事多得多，假如事事尽如人意，那就是一种美丽的传说了。

噩梦的发生也都是在不知不觉中。失业、破产、离婚、车祸、得了绝症、亲人过世……只要活着一天，这些痛苦总是一样接着一样，在我们身边来来去去。

一个人的平静生活突然被掀起波澜，痛苦足以消耗他的心智，磨损他的意志，甚至会让他对善良的道德都产生怀疑。他咒骂着："我这么努力干吗？所有的事都不合理，都不公平，为什么老天要这样对我！"他几乎相信，已经没有什么值得努力的目标，根本找不到任何活下去的意义了。

当你在人生的赌局中，手握着由命运发下来的坏牌，你会紧张得不知如何玩下去。可是，你有没有想过，你其实可以换牌啊！悲剧在所难免，但并不表示你就非得被它打垮，从此与幸福绝缘；而是，你能不能转祸为福，在逆境中重新站起来。

意大利的心理学家曾经做过研究，对象是一群因为意外事故而导致截瘫的病人，他们都是年纪轻轻，但却丧失了运用肢体的能力，可以说命运对他们不公平。不过，绝大多数的患者却一致表示，那场意外也是他们这一生中最具启发性的转折点。

调查中有一名叫做鲁奥吉的青年，他在 20 岁那年骑摩托车出事，腰部以下全部瘫痪。鲁奥吉在事后回忆说："瘫痪使我重生，过去我所做的事都必须从头学习，就像穿衣、吃饭，这些都是锻炼，需要专注、意志力和耐心。"

此后鲁奥吉却以积极的心态面对人生的态度声称，以前自己不过是个浑浑噩噩的加油站工人，整天无所事事，对人生没什么目标。车祸以后，他经历的乐趣反而更多，他去念了大学，并拿到语言学学位，他还替人做税务顾问，同时也是射箭与钓鱼的高手。他强调，如今，"学习"与"工作"是令他最快乐的两件事。

的确，生命中收获最多的阶段，往往就是最难挨、最痛苦的时候，因为它迫使你重新检视反省，替你打开了内心世界，带来更清晰、更明确的方向。

要想生命尽在掌控之中是件非常困难的事，但日积月累之后，经验能帮助你汇集出一股力量，让你愈来愈能在人生赌局中进出自如。很多灾难在事过境迁之后回头看它，会发现它并没有当初看来那么糟糕，这就是生命的成熟与锻炼。

这是基督圣歌中"奇迹的教诲"中的一句歌词："所有的锻炼不过是再次呈现我们还没学会的功课。"学着与痛苦共舞，才能看清造成痛苦来源的本质，明白内在真相。

　　山中鹿之助是日本战国时代有名的豪杰，据说他时常向神明祈祷："请赐给我七难八苦。"很多人对此举都是很不理解，就去请教他。鹿之助回答说："一个人的心志和力量，必须在经历过许多挫折后才会显现出来。所以，我希望能借各种困难险厄来锻炼自己。"而且他还作了一首短歌，大意如下："令人忧烦的事情，总是堆积如山，我愿尽可能地去接受考验。"

　　一般人向神明祈祷的内容都有所不同，一般而言，不外乎是利益方面。有些人祈祷幸福，有人祈祷身体健康，甚或赚大钱，却没有人会祈求神明赐予更多的困难和劳苦。因此当时的人对于鹿之助这种祈求七难八苦的行为，不能够理解，是很自然的现象，但鹿之助依然这样祈祷。他的用意是想通过种种困难来考验自己，其中也有借七难八苦来勉励自己的用意。

　　鹿之助的主君尼子氏，遭到毛利氏的灭亡，因此鹿之助立志消灭毛利氏，替主君报仇。但当时毛利氏的势力正如日中天，尼子氏的遗臣中胆敢和毛利氏敌对的，可说少之又少，许多人一想到这是毫无希望的战斗，就心灰意冷。可是，鹿之助还是不时勉励自己，鼓舞自己的勇气。或许就是因为这个缘故，他才会祈祷赐予其七难八苦。

　　一般被喻为英雄豪杰的人，他们的心志并不见得强韧得像钢铁一样。许多伟人也有过一段内心黑暗的时期，甚至有的曾因觉得前途无望，而想自杀。例如在古巴危机发生时，美国总统肯尼迪在做大胆的决定之前，据说也是紧张而苦恼的。

　　再大的痛苦都会过去，超越了它，你便也在痛苦中超越了自己。

第九章

监视不良心态
找回最佳状态

  在工作、交际、婚姻、生活中始终保持良
好的状态是一件多么美好的事情，因为你总是
那么适当地应对矛盾，那么高效地处理问题，
那么快乐地享受生活。要做到这一点也并没有
你想象的那么难：看看自己有哪些不良的心态，
然后改变它。

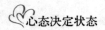

别让自卑毁了你

能看到每件事情的好的一面，并养成一种习惯，还真是千金不换的珍宝。

——约翰逊

自卑的心态就像一条啃啮心灵的毒蛇，不仅吸取心灵的新鲜血液，让人失去生存的勇气，还在其中注入厌世和绝望的毒液，最后让健康的肌体死于非命。

攀登在人生的崎岖小路上，自卑这条毒蛇随时都会悄然出现，特别是当人劳累、困乏、困惑的时候，更要加倍警惕。德国哲学家黑格尔说："自卑往往伴随着懈怠"，它是你前进道路上的绊脚石，可以使一个人的活动积极性与能力大大降低。虽然偶尔短时间地滑入自卑状态是正常现象，但长期处于自卑之中就是一场灾难了。自卑的根源是过分否定和低估自己，过分重视别人的意见，并将别人看得过于高大而把自己看得过于卑微。

只有控制住自卑心态，人们才会敢于积极进取，成为一个有主动创造精神的人，才能开拓事业的新局面，也才会有积极的人生态度，才会活得开朗、开心，才会勇于承担责任，成为一个有责任心的人。而任何一个在事业上有所作为的人，都是有责任心的人。只有扔掉自卑，才会在平时积极思考，才会产生奇迹；才会积极跨越各种障碍，成为一个不怕困难的人；才会积极主动地去结交新朋友，改善和旧朋友的关系，才会取得成功。

自卑心理所造成的最大问题是不论你有多成功，或是不论你有多能干，你总是想证明自己是不是真的如此多才多艺。换句话说，许多人都倾向于为自己设定一个形象，而不肯承认真正的自我是什么。因为他们的想法总是倾向于自我认定。举个例子来说，如果你一直担心自己瘦不下来，每次在量腰围时你就会嘀咕一下，而完全忘了你的身体正处在最佳的健康状态。

你总是把自己认为的劣势时时刻刻放在脑子里，提醒着自己的不足，并把这些不足和他人的优势相比较。因而，越比越觉得己不如人，越比越觉得无地自容，从而忽略了自己的优势，打击了自信心。事实上，"金无足赤，人无完人"。在你的眼里比较优越的人并不一定占优势。相反，在别人的眼里可能你比他更优秀。

所以，有时你需要一点阿 Q 精神。况且你也该知道自卑往往会让你更消极，更萎靡，长期下去会形成自我压抑。

如果让自卑控制了你，那么你在自我形象的评价上会毫不怜悯地贬损自己，不敢伸张自己的欲望，不敢在别人面前申诉自己的观点，不敢向别人表白自己的爱情，行为上不敢挥洒自己，总是显得拘谨畏缩。另一方面，对外界、对他人，尤其是对陌生环境与生人，心存一种畏惧。出于一种本能的自我保护，便会与自己畏惧的东西隔离和疏远，这样便将自己囚禁在一个孤独的城堡之中。如果说别的消极情绪可以使一个人在前进路上暂时偏离目标或减缓成功速度，那么一个长期处于自卑状态的人根本就不可能有成功的希望，甚至已有的成绩也不能唤起他们的喜悦、兴奋和信心，只是一味地沉浸在自己失败的体验里不能自拔，对什么都不感兴趣，对什么都没有信心，不愿走入人群，拒绝别人接近，整个与丰富多彩的生活隔绝，与人群疏远，自囚于孤独的城堡中。

有自卑情结的人可能会很胆小，由于要避免可能使他感到难堪的一切，他就什么也不做；由于害怕别人认为自己无知，就忍住不去征求别人的意见；由于担心受到拒绝，就不敢去找个好工作。由于压抑，自卑的人会变得更加敏感。日益敏感，再加上日益怯懦，精神状态就日益低落。一个有自卑情结

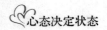

的人不能长时间把精力集中在任何事物上，只能集中在他本人身上，因而常常不能实现自己的愿望。

严重的自卑和自我压抑会导致自杀。这种惨痛的结局在年轻人中极其常见。

1983年，长沙某学院的一名男生卧轨自杀。他来自边远山区一个贫寒之家，父母含辛茹苦将他拉扯大，他却走向了自我毁灭之路，留给亲人无限的悲痛，后来根据对其他同学的调查和他的日记发现，他的自杀只是源于自卑。因为他的身高不足一米六，虽然他身体健康，但只是出于审美习惯的缘故，他觉得自己在别人的眼里是个二等残废，是社会的弃儿，活着已经没有什么意思了。

依正常人看来，这根本就算不了什么，如果这也可以成为自杀的理由，那么这个世界上该有多少人走向毁灭，这种对生命极不负责的行为源于自卑。

长期被自卑情绪笼罩的人，会导致心理活动失去平衡，引起生理变化，对心血管系统和消化系统产生不良影响。生理上的变化反过来又会影响心理变化，加重自卑心理。

长期这样恶性循环下去，必将毁了你。因此，认识自己，摆脱自卑更有利于你的成长。

让心灵远离贫穷

人乃是为内心所形成的各样感受而活。

——托马斯·布朗

生活中，很多人常为了自己的贫穷而自卑，没有漂亮的衣服，没有气派的房子……其实物质上的贫穷是次要的，如果你的心灵贫穷，你才真该为自己感到自卑。

人类有一样东西，是不能选择的，那就是每个人的出身。

有人生为王子，天地至尊，可有人天生乞丐，贱如草芥；有人天生富贵，家财万贯，有人一贫如洗，家徒四壁。

然而，真正的贫穷并不取决于物质的多寡，而在于心灵，心灵上的贫穷者才是真正的贫穷者。

"我出生在贫困的家庭里，"美国副总统亨利·威尔逊这样说道，"当我还在摇篮里牙牙学语时，贫穷就露出了它狰狞的面孔。我深深体会到，当我向母亲要一片面包而她手中什么也没有时是什么滋味。我承认我家确实穷，但我不甘心。我一定要改变这种情况，我不会像父母那样生活，这个念头无时无刻不缠绕在我心头。可以说，我一生所有的成就都要归结于我这颗不甘贫穷的心。我要到外面的世界去。在10岁那年我离开了家。当了11年的学徒工，每年可以接受一个月的学校教育。最后，在11年的艰辛工作之后，我得到了一头牛和六只绵羊作为报酬。我把它们换成几美元。从出生到21岁那年为止，我从来没有在娱乐上花过一美元，每美分都是经过精心计算的。我完全知道拖着疲惫的脚步在漫无尽头的盘山路上行走是什么样的痛苦感觉，我不得不请求我的同伴们丢下我先走……在我21岁生日之后的第一个月，我带着一队人马进入了人迹罕至的大森林里，去采伐那里的大圆木。每天，我都是在天际的第一抹曙光出现之前起床，然后就一直辛勤地工作到天黑后星星探出头来为止。在一个月夜以继日的辛劳努力之后，我获得了六美元作为报酬，当时在我看来这可真是一个大数目啊！每美元在我眼里都跟今天晚上那又大又圆、银光四溢的月亮一样。"

在这样的穷途困境中，威尔逊先生下定决心，一定要改变境况，决不接受贫穷。一切都在变，只有他那颗渴望改变贫穷的心没变。他不让任何一个发展自我、提升自我的机会溜走。很少有人能像他一样理解闲暇时光的价值。他像对待黄金一样紧紧地抓住零星的时间，不让一分一秒无所作为地从指缝间溜走。

在他21岁之前，他已经设法读了1000本好书，这对一个农场里的孩子来说是多么艰巨的任务啊！在离开农场之后，他徒步到100里之外的马萨诸塞州的内笛克去学习皮匠手艺。他风尘仆仆地经过了波士顿，在那里可以看见邦克、希尔纪念碑和其他历史名胜。整个旅行只花了他一美元六美分。一年之后，他已经在内笛克的一个辩论俱乐部脱颖而出，成为其中的佼佼者了。后来，他在马萨诸塞州的议会发表了著名的反奴隶制度的演说，此时距他到这里还不到8年。12年之后，他与著名的社会活动家查尔斯·萨姆纳平起平坐，进入了国会。后来，威尔逊又竞选副总统，梦想终于如愿以偿。

威尔逊生于贫困，然而他又是富有的。他唯一的、最大的财富就是他那颗不甘贫穷的心，是这颗心把他推上了议员和副总统的显赫位置。在这颗不竭心灵的照耀下，他一步步地登上了成功之巅。

出生于广东潮州的李嘉诚在幼时就尝尽了人间苦难，父亲逝世时，家庭贫困不堪，父亲没有给他留下财富，反而在全家最需要他的时候离开了。当时的李嘉诚才14岁。14岁对于常人正是享受父母的呵护、疼爱的年纪。李嘉诚却不得不面对生活摆在他面前的一切苦难：家境的贫穷、母亲的羸弱、社会的动荡和世态炎凉，为完成父亲临终时的遗愿，他谢绝舅舅继续供他读书的好意，开始了自己的求生之路。多年的经营造就了一代富豪，李嘉诚的富有得益于父亲的遗训，舅父的指导，更重要的是他没有被穷困吓倒，没有让贫困占据了自己的心灵。

对于整个人类来说，贫穷只是一种状态，它永远不可能成为一种结果。因为人类决不会永远安守贫穷，总是同它作不屈不挠的斗争，所以贫穷对整个人类来说，它只是一个动态的、不断被改变着的过程。但具体到某一个人的身上，则可能是一种结果。对于个人来说，有可能安心地生活在贫穷之中，不思进取，屈辱地度过一生，也有可能奋起直追，获取财富。

　　无论你面对的是什么事实，心灵的贫穷都极其可怕。也只有心灵的贫穷才是真正的贫穷。

不要给你的懒惰找借口

　　懒惰等于将一个人活埋。

——泰勒

　　为自己的懒惰找借口是一件非常可悲的事，这是一个人不能对自己负责的表现。为了赶走懒惰的心态，你就必须对借口开刀。

　　一个小姑娘对自己的妈妈说："妈，我什么都懂，就是不想去做。"

　　其实，每个人都懂得许多做人处事的道理，但真正做起来却很难，就像一个小学生明明知道以后学习不好就考不上大学，找不到好工作就一辈子都会受累却不想好好学习，上课的时候别人听课他逃课，别人上学他逃学。什么原因？"懒！"成年人也会为自己的"懒"找借口，以至于小孩子都学会了赖床迟到时对老师说："报告老师，昨天晚上我们家有客人，所以我睡晚了……"

　　孩子的借口可以原谅，因为他们毕竟还小，没有自控力，但成人的借口却不容宽恕。因为，成人不仅要对自己负责，同时还必须对自己的家人负责。懒惰是没有借口可以推托的。

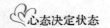

　　既然你来到了这个世界，就应该将自己完全融到这个世界中来，才不枉此生，要知道人生其实很短暂，活了一辈子的人回想自己的过去都像是做了一场梦。珍惜你的青春年华，不要为自己的懒惰找借口。

　　树枯了，有再青的时候；叶子黄了，有再绿的时候；花谢了，有再开的时候；鸟儿飞走了，有再飞回来的时候；而生命消失了，却没有再复活的时候。时间一点一滴地流逝，永不停止；它一步一程，永不回头。它对每个人又都是平等的，不会因为你是勤劳者而多给，也不会因为你是懒惰者而少给。所以你就更应该珍惜时间，勤于劳作，而不要把宝贵的时间浪费在借口上。

　　一个懒惰的人，其实就是一个无志者，他们习惯于为自己找各种各样的理由，得过且过。而一个勤劳的人永远都不会犯这样的错误。

　　伟大的发明家爱迪生，平均三天就有一项发明，这是他争分夺秒、辛勤工作的结果。我国伟大的思想家和文学家鲁迅也非常珍惜时间，尽量把时间都花在工作上。他有一句至理名言："时间就是生命，无端地空耗别人的时间，其实无异于谋财害命。"鲁迅惜时如命，他把别人喝咖啡、聊天的时间都用在工作和学习上。正是因为有了这种惜时如命辛勤敬业的精神，鲁迅在他56年的生命旅途中，广泛涉猎了从自然到社会科学的许多领域，一生著译一千多万字，留给后人一份宝贵的文化遗产。

　　可能有人认为人生漫长，偷点懒没什么，但去做事的话，在一分钟之内，小学生可以写20个生字、朗读200多字的短文、口算20道试题；打字员用电脑可打字80多个，运动员能跑250米；消防员可以紧急集合，跳上消防车；核潜艇可以在水下航行600米，火箭可航行450多公里，喷气式客机能飞行18公里……光阴似箭，日月如梭，人的生命是有限的，辛勤工作的人尚且觉得时间太少，偷懒耍滑的人又能做出什么成绩？一个没有成就的人想让别人尊敬你，认同你，有什么理由？

　　所以当你疏懒的时候，你要想起林中的树木，哪些树才能长久于林？

那些又小又曲的树木，是没有人理睬的，如果理睬就是砍回家当柴火烧了；只有那些奋发向上，又直又高的树木才能引起别人的注意，不是当栋梁材用就是留于林中成为参天大树。

疏懒的人，要学会歌唱播种。因为有了播种，才有收获。

疏懒的人，要学会歌唱消融。因为有了消融，才能清澈。

疏懒的人，要学会歌唱涌泉。因为有了涌泉，才有奔流……

掩饰错误不如承认错误

最好的好人，都是犯过错误的过来人；一个人往往因为有一点小小的缺点，将来会变得更好。

——莎士比亚

没有人喜欢自己被指责，哪怕自己犯了错误。所以，当知道自己犯了错误的时候，最初的也是应就是为自己辩护、为自己开脱。而实际上，这种文过饰非的态度常会使一个人在人生的航道上越偏越远。

一个人在前进的途中，难免会出现这样或那样的过错。对一个欲求达到既定目标、走向成功的人来说，对待自己过错的正确态度应当是过而不文、闻过则喜、知过能改。

"过而不文"需要一种自觉的纠错意识和宽广的胸怀。一般人做不到这一点，原因是虚荣心在作祟。一些人有很强的能力，很少有失误发生，久而久之，自然养成了"自己一贯正确"的意识，一旦真的出现过错，心理难以接受。出于对面子的维护，不少人会找理由开脱，或者干脆将过错掩盖起来。

　　知过能改，则是使一个人在激烈的竞争中从一个胜利走向另一个胜利的关键。"过而不改，是谓过矣！"有了过失并不可怕，怕的是不思悔改、一味坚持。这种人是很难走向人生的辉煌。格里·克洛纳里斯在北卡罗来纳州夏洛特当货物经纪人。在他给西尔公司做采购员时，发现自己犯下了一个很大的估计上的错误。有一条对零售采购商至关重要的规则，是不可以超支账户上的存款数额。如果账户上不再有钱，就不能购进新的商品，直到重新把账户填满，而这通常要等到下一次采购季节。

　　那次正常的采购完毕之后，一位日本商贩向格里展示了一款极其漂亮的新式手提包。可这时格里的账户已经告急。他知道他应该在早些时候就备下一笔应急款，好抓住这种叫人始料未及的机会。

　　此时他知道自己只有两种选择：要么放弃这笔交易，而这笔交易对西尔公司来说肯定会有利可图；要么向公司主管主动承认自己所犯的错误，并请求追加拨款。正当格里坐在办公室里苦思冥想时，公司主管碰巧顺路来访。格里当即对他说："我遇到麻烦了，我犯了个大错。"他接着解释了所发生的一切。

　　尽管公司主管平时是个非常严厉苛刻的人，但他深为格里的坦诚所感动，很快设法给格里拨来了所需款项。手提包一上市，果然深受顾客欢迎，卖得十分火爆。而格里也从超支账户存款一事中汲取了教训。这个故事告诉我们，当不小心犯了某种大的错误时，最好的办法是坦率地承认和检讨，并尽可能快地对事情进行补救。只要处理得当，你依然可以赢得别人的信赖。

　　喜欢听赞美是每个人的天性。忠言逆耳，当有人尤其是和自己平起平坐的同事对着自己狠狠数落一番时，不管那些批评如何正确，大多数人都会感到不舒服，有些人更会拂袖而去，连表面的礼貌也不会做，令提意见的人尴尬万分。这样的结果就是，下一次如果你犯再大的错误，也没有人敢劝告你了，这不仅会让你在错误的路上越滑越远，更是你做人的一大损失。当我们错了，就要迅速而真诚地承认。

如果你在工作上出错，就应该立即向领导汇报自己的失误，这样当然有可能会被大骂一顿，可是上司的心中却会认为你是一个诚实的人，将来也许对你更加器重，你所得到的，可能比你失去的还多。

事实上，一个有勇气承认自己错误的人，他不但可以获得某种程度的满足感，还可以消除罪恶感，有助于弥补这项错误所造成的后果。卡耐基告诉我们，傻瓜也会为自己的错误辩护，但能承认自己错误的人，就会获得他人的尊重，而且令人有一种高贵诚信的感觉。

承认错误是一种人生智慧，只有人们对错误采取认真科学分析的态度，才能反败为胜。现实中，许多人为了面子死不认错，硬认死理，只有让自己一错再错，损失更大的"面子"。

由此，一个人要想有面子，就要不怕丢面子。孔子说："过而不改，是谓过矣。"意思是说，犯了一回错不算什么，错了不知悔改，才是真的错了。

闻过则喜、知过能改，是一种积极向上、积极进取的人生态度。只有当你真正认识到它的积极作用的时候，才可能身体力行去聆听别人的善意劝解，才可能真正改正自己的缺点和错误，而不至于为了一点面子去忌恨和打击指出自己过错的人。闻过易，闻过则喜不易，能够做到闻过则喜的人，是最能够得到他人帮助和指导的人，当然也是最易成功的人。

在我们犯了错误的时候，总是想得到别人的宽恕，而不是斥责。其实，宽恕是对我们的纵容，别人宽恕了我们第一次，我们可能会犯第二次、第三次。我们要学会在犯了错误的时候，坦率地承认，并担负我们该负的责任，而不是为了怕丢面子，而百般地辩解，文过饰非。

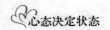

不懂不要装懂，夜郎自大遭人笑

不懂装懂，永世饭桶。

——民间名言

愈是虚荣的人，愈是不能事事精通，但是愈是虚荣的人，却愈爱表现。他们对于某种学问技术不过初窥门径，还未登堂，更未入室，便自命为专家，到处宣扬，一副煞有介事的样子。刚开始，大家还以为他是一位学问家，但说上两句就露了馅，大家只得掩嘴而笑了。

汉朝的时候，在中国西南方有一个很小的县，叫做桐梓县。在桐梓县往东二十里的地方，有一个很小的国家叫夜郎国。

可是夜郎国的国王却十分的自大骄傲。他以为自己的国家很大很大，也不晓得临近的国家有多大。有一次，汉朝派人去拜访夜郎国的国王，他一脸骄傲地问：你们汉朝和我们夜郎，究竟是哪一个国家大呢？汉朝的人一听，都忍不住笑了起来。

从此以后，就用"夜郎自大"来形容那些见识浅薄、自大骄傲的人。如今几千年过去了，在我们的现实生活中，"夜郎"这样的孤陋寡闻却又妄自尊大的人仍然随处可见。

有一个人想拜见县官求个差事。为了投其所好，他事先找到县官手下的人，打听县官的爱好。

他向县官的随从问道："不知县令大人平时都有什么爱好？"

"县令无事的时候喜欢读书。我经常看到他手捧《公羊传》读得津津有味，爱不释手。"随从告诉他说。

这个人把县令的爱好记在心里，胸有成竹地去见县官。县官问他："你平时都读些什么书？"

"别的书我都不爱看，一心专攻《公羊传》。"他连忙讨好地回答说。

县官接着问他："那么我问你，是谁杀了陈佗呢？"

这个人其实根本就没读过《公羊传》，不知陈佗是书中人物。他琢磨了半天，以为县官问的是本县发生的一起人命案，于是吞吞吐吐地回答："我平生确实不曾杀过人，对于陈佗被杀之事更是一无所知。"

县官一听，知道这家伙并没读过《公羊传》，才回答得如此荒唐可笑。县官便故意戏弄他说："既然陈佗不是你杀的，那么你说说，陈佗到底是谁杀的呢？"

这人见县官还在往下追问，惶恐不安地跑出去了，连鞋子也来不及穿。别人见他这副模样，问他怎么回事。

"我刚才见到县官，他向我追问一桩杀人案，我再也不敢来了。等这桩案子搞清楚后，我再来吧。"他边跑边大声说。

一个人应该用诚实、谦虚的态度去对待知识，对待别人。不懂装懂、自欺欺人的做法，既会妨碍自己的求知进步，又会贻笑大方。

其实，承认自己也有不知道的事并不丢人，为了要自抬身价而不懂装懂，一旦被对方看穿，反而会令对方产生不信任感而不愿与你交往。

有些一知半解的人，常常装腔作势不懂装懂。对某一问题一无所知的人，心里也常常会产生唯恐落于人后的压迫感，这都是常见的心态。在绝不服输或"输人不输阵"的好胜心作祟下，这样的人随时都想找机会扳回面子。

有位不大的杂志社的社长，不管是什么场合总喜欢装腔作势，并且故意降低自己的音调以示庄重。不但如此，他还总是一副无所不知的样子。

然而，他们杂志社出版的刊物总是被人批评为现学现卖、肤浅的杂学之流，这与他的浅薄与虚荣是密不可分的。

一个肚子里没有几滴墨水的人，却装出一副无所不知的大学问家，目的是在听众信以为真的反应中获得虚荣心的满足。他们以为不懂装懂可以使别

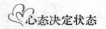

人相信自己是一个内行，从而赢得别人的尊重。却不知，孤陋寡闻的他们是很容易露馅的。所以，人要有自知之明，夜郎自大只会遭人嘲笑。

爱别人多一些

对于我来说，生命的意义在于设身处地替人着想，忧他人之忧，乐他人之乐。

——爱因斯坦

汉斯帅极了。外形俊朗，风度翩翩，脸上还时常挂着笑容；工作也极为认真尽责。但是他的朋友少得可怜，他自己不知道问题出在什么地方，他周围的人也说不清楚自己为什么不喜欢他，尽管他并不招人烦。

揭开谜底的是下面的这段对话：

心理医生："你认为自己与众不同吗？"

汉斯："某些地方是这样的。"

心理医生："是因为你才华横溢，长相出众吗？"

汉斯："才华横溢倒谈不上，应该说我长得还不赖。"

心理医生："所以，你觉得大多数人不如你。"

汉斯："不全是这样，不过可以这么说。"

心理医生："但是你的工作不是由长相来完成的。你的能力并不比别人强多少，仅仅因为'长得不赖'，就有了优越感，只爱自己不爱别人。反过来想，你愿意和这样的人交朋友吗？记住：滥用出色的外表只能给你带来烦恼。"

我相信汉斯后来一定交到了很多朋友。因为他的好心态引领他在需要的时候及时求助能帮助他的人，而不是一味沉溺于似是而非的良好感觉中。并且汉斯从医生那里找回了两颗心：一颗是平常心；一颗是爱心。平常心让他放低自己，不因为自己的某一个出众之处就去漠视别人，应该肯定别人的存在价值，关心别人，并认为他们很重要；爱心是让他以爱换爱，少爱自己，多爱别人，如此交换的结果是很多人给予他的爱取代了他一个人给予自己的爱，最终他成了拥有爱的豪富。

潇洒帅气的汉斯没有因为他的容貌而让别人更爱他，让他赢得众人青睐的是他那颗关爱他人和与人为善的爱心。因此，扩大自己优势的最佳方法之一就是爱更多的人。

如果人人都能像汉斯那样及时发现自己的缺点并尽快改正，最终使自己和别人同时受益，那我们的生活该是多么美好呀！但是偏偏有些狭隘之人，拼命抓住自己的一点点小优势不肯与他人分享，最终使之变得比常人更差。

汤因莱斯是个胸怀大志的农民，他从小就渴望成为本地最大的农场主，因此他不断地学习农业科技。科学种田的结果是每次他都能把收获的庄稼卖上好价钱，然后再用挣的钱去收购更多的土地。

最近他又买了一块地，而且价钱很低。因为卖地的人并不是很懂农业知识，因而认为这块地长不出好庄稼。但汤因莱斯却知道这块地非常适合种玉米。于是他四处打听哪里可以买到优质玉米种子，再买来一些种上，结果收成甚丰。他的邻居们既惊诧又羡慕，后悔自己没有买到这么好的种子，包括已经卖地给他的那个人也后悔得不得了。那些农民都请求他卖些新种子给他们。可是汤因莱斯怕失去竞争优势，断然拒绝了。

第二年，汤因莱斯再用新种子播种的玉米收成并不太好，不过仍然比其他的农户们的玉米地产量高，所以，也还是有人向他求购种子，他还是毫不犹豫地拒绝了。当第三年的收成更进一步减少时，汤因莱斯终于坐不住了，

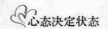

他找到向他推荐种子的农业专家质问，那位专家从头到尾听了汤因莱斯的讲述之后，遗憾地告诉了他真正的原因。原来，并不是种子不好，而是他的优种玉米接受了邻人田中劣等玉米的花粉，已经无法结出优质的玉米了。

汤因莱斯的教训不谓不深刻，因为他本来可以通过其他人来扩大自己的优势。他在拒绝别人的时候，却没有意识到他拒绝的实际上是对于自己更有利的结果。而我们应由此想到更多。一个人如果不懂得与别人分享利益，最终吞下苦果的将是他自己。

所以，无论在容貌上还是其他方面，任何优越的条件与环境都不是绝对的，当你的优点与优势只属于你自己时，你最终收获的并不一定是最好的结果。当你真正做到把自己的优点与优势充分与别人分享时，绝对是一件值得恭喜的事，因为你已经具备了帮助自己成功的好心态，也一定会有意想不到的收获。

擦掉"不能"前面的"不"

在我的字典中，没有"不可能"这样的字眼。

——拿破仑

有一位老师，他带领的班级在学校所有的竞赛中总是名列前茅，有人向他取经，他走到黑板前写下两个大字："不能"。然后问全班同学："我们该怎么办？"

学生们马上高高兴兴地大声回答："把'不'字擦掉。"

是的，这就是答案了，擦掉"不"字，"不能"就变成"能"了。

不仅仅是这些学生，即使我们也需要这样的教导，我们必须随时提醒自己，把"不"字去掉，只要"能"，这就是我们获胜的秘诀。如果"不能"这个字在心中扎根，最终你会发现，即使是你擅长的事业，也会在激烈的竞争中败下阵来。

15 岁的男孩安泰在报上看到招聘启事上有一份适合他的工作，欣喜不已。第二天安泰准时前往应征地点时，发现应征队伍中已排了十几个男孩。

如果换成一个认为"不能"的男孩，他可能会因此而转身离去。但是安泰却完全不一样。他认为自己需要这份工作，并且能够把它干好，那么接下来便是动脑筋，打败前面的应征者。他在一张纸上写了几行字，然后走到负责招聘的秘书面前，很有礼貌地说："小姐，请你尽快把这张便条交给老板，这件事很重要，谢谢你！"

秘书不无欣赏地看着安泰，因为他看起来精神愉悦，文质彬彬。也许别人她可能不会放在心上，但是这个男孩不一样，她不愿意拒绝他，所以她立刻将这张纸交给了老板。

纸条上面是这样写的：

"先生，我是排在最后的男孩。在见到我之前请不要做出任何决定。"结果，安泰成功了。

事实上，他没有理由不成功，虽然他年纪很小，但是他知道如何去想，有能力在短时间内抓住问题的核心，然后运用智慧解决它，并尽力做好。

一个人生活在世上，要面对的东西有很多，烦恼、朋友、敌人……在对外界事物应对自如的时候，我们往往忽略了一个最重要的对手——自己。于是有了这样一个难题：有人能轻易打败敌人，却不能战胜自己。

很早以前，看到这样一个故事：

一个小和尚为了让寺里的伙食更丰盛，每天从树林里采来许多香菇。湿的香菇不易保存，要摊在地上晒干再收藏。一天他正在太阳底下曝晒采回来的香菇，师父走了过来。

"晒干之后，装进袋子。"师父说。

"知道了。"小和尚边干活边应答着，觉得师父过于操心了。

一连几天太阳都很好，香菇干得很快。小和尚正在装袋时，师父又来了。

"不要全装进一个大袋。多分几个小袋子，封紧了，别透气！"师父叮嘱道。

"知道了！"小和尚带着几分不耐烦的口气答道，心想，师父真是多事！但他还是一包包的装好，并没有半点怨言。

野生的香菇特别香，炒青菜时丢进几个，滋味别提多好了，到院里用斋的施主和其他的师兄师弟无不称赞。

第一包香菇用完了，小和尚打开了第二包，发现香菇里长满了小虫，不能吃了！他很着急，赶快向师父报告。

"别急。你先把这包扔掉，打开别的包看一看，这包不能吃，别的包说不定能吃。"师父说。

小和尚紧张地打开那些包，高兴地笑了。

"这回你知道我为什么让你分开密封了吧。"师父摸着小和尚的头说，"你以为画板是保护画的，岂知板子也伤了画；你以为袋子是防外面的虫咬香菇，岂知香菇里原来就可能有虫。于是那保护它不受外界侵犯的，反过来保护了外界，不受它侵犯。"师父接着语重心长地说："我们总怕别人会害自己，其实害自己的不一定是别人，也许是自己！我们应该能常常理清自己的心虫，别让它偷偷啃食我们的心，或飞出去伤害别人。"

当我们用警惕的眼神去注视别人，用猜疑的思想去怀疑别人，用谨慎的行动去处理事情时，我们确能很好地保护自己，但有时仍然会感到受了伤害。如果排除了一切外界因素，还找不到受伤根源时，那就很可能是自己伤了自己。

一个人的一生中难免遇到各种各样的问题。当你遇到问题时，运用积极的心态去思考非常关键。如果你渴望成功，就必须调整心态，要积极但不忘谨慎。能不能巧胜对手，脱颖而出；能不能战胜自己，驱除心魔，都直接取决于我们能不能把否定思维转化为肯定思维。

求全责备的生活不快乐

即使断了一条弦，其余的三条弦还是要继续演奏，这就是人生。

——爱默生

没有完美的世界，也没有完美的人生，有时候，目标与现实之间只差一点点而已。如果你抱着自己的完美理想不放手的话，就会招惹来无穷无尽的烦恼的纠缠，相反，在完美与不完美间寻找一个平衡点，你的生活将会快乐轻松很多。

有些人活着，就是以完美地过完自己的每一天为目标的。当他看到房间里沾上了一些灰尘时，会惊呼！赶快进行了一次大扫除；当他看到自己的鼻子、嘴巴或是某部位不如别人时，会大叫：我也要那张脸！于是不惜大动干戈让人拿刀子给自己画个大花脸；当他看到电视里插播的泡着花瓣的浴缸，会马上跑去买一个，他有洁癖，一天洗手若干次；他总是愿意让自己看上去永远一丝不苟，连头发也梳理的严整些；他总是愿意别人说他："看！人家过的多细致！"他喜欢别人称赞他并且也自诩道："我是完美主义者。"

事实上，完美主义唯一的好处在于有时你能获得比较好的结果，与此同时，在你努力取得完美时，你可能感到紧张、忙碌，不安，发觉很难放松。

195

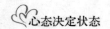

你很可能对人对己都吹毛求疵，因而损害了你的人际关系和心理健康。并有可能使你害怕失败所带来的不完美境地而拒绝发起向生活的挑战，最终成为一个生活上的彻底失败者。

作为一名完美主义者，如果你未能达到某一目标就感到自己在那些方面彻底失败了，因而深深地自责和痛苦。无论你做得再多再好也不会令自己满意，而是不断地追求更高的目标。尽管这些在他人看来已经十分了不起，你也可能会对自己有更苛刻的要求，害怕暴露自己的缺点，只想将自己令人叹为观止的完美无缺的一面呈献在大众面前。这种心理一旦控制你久了，便会给你的精神和身体带来严重的影响，那可能是病态的。

有时候人们会被这种在生活中或是工作中吹毛求疵、追求完美的压力所蒙蔽。认为只有做的"更好"些才会使自己更加幸福，其实，大可不必，有时候你的缺陷也是一笔可观的人生财富。

詹姆士·杨原本是新墨西哥州高原上经营果园的果农。每年他都把成箱的苹果以邮递的方式零售给顾客。

一年冬天，新墨西哥州高原下了一场罕见的大冰雹，砸得一个个原本色彩鲜艳的大苹果疤痕累累，詹姆士心痛极了。完了，这下全完了！我将失去所有的顾客和收入了！他越想越懊恼，就坐在地上抓起受伤的苹果拼命地咬起来。忽然，他的动作停顿了，他发觉这苹果比以往的更甜、更脆，汁多、味更美，但外表的确难看。

第二天，他把苹果装好箱，并在每一个箱子里附上一张纸条，上面这样写着："这次奉上的苹果，表皮上虽然有些难看，但请不要介意，那是冰雹造成的伤痕，是真正的高原上生产的证据。在高原，气温往往骤降带来坏天气，但也因此苹果的肉质较平时结实，而且还产生了一种风味独特的果糖。"

在好奇心的驱使下，顾客都迫不及待地拿起苹果，想尝尝味道："嗯，好极了！高原苹果的味道原来是这样的！"顾客们交口称赞。

这批长相丑陋的苹果挽救了几乎赔掉一切的詹姆士，而且还以它"特殊"的标志性的模样而广开销路，大受顾客好评。詹姆士也因此大获成功。其实，生活中尽善尽美的事情真是少得可怜，它们大多有着这样那样的缺陷，让我们感到深深的遗憾。面对缺陷，我们不可一味气馁、气愤，更不要自卑、悲观，将缺陷与它本身的优势或独特之处联系起来，事情就不会如你所想的那么失败了，还有可能的是它还会成为你人生走向成功的重要力量。

在我们的成长过程中，我们逐渐养成了这样的信念：我们应该自始至终努力让生活变得尽善尽美。不幸的是，你的期望越高，往往失望也越大。由于对自己的要求过高，给自己施加了过多的压力，就会束缚住自己的手脚，迫使你最终放弃了努力，以致一无所成。或者最终崩溃掉。相反，如果你降低了对自己的要求，不再对自己提出好高骛远的期望，你的心情反而会因为解脱而舒畅开心起来，会觉得自己更有创造力，更可以轻松上阵了。正如莎士比亚说过的那样："最理想的境地总是不可到达的，但是人们往往不知道应该退而求其次。"结果，你只能被碰得头破血流。因此，完美主义不是一种你应给予强化的心态，而是一种你应给予弱化的心态。

努力克服完美主义的几种方法：

①列出其利弊

列出完美主义的利弊，和它对你生活的影响，以此来说明完美主义其实对你没什么特殊意义，它只会让你需要做的工作成倍地增加而已。

②确定明确的时限

对任务进行分析，确定完成它的时间限制。不要说"我要做这件事"而应说"我有15分钟的时间来做此事"，所以要尽量把握方向做到位就可以了。否则你会在永远不满足中徘徊不前。

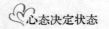

③敢于暴露自己的弱点

向你的亲友或家人吐露心声。你若在某些情况下感到压力过大或紧张，告诉他们，并把这当成是一次挑战。敢于做平常人，并且敢于承认。认识到自己的弱点和错误是你走向成功的关键一步。

④欣赏工作中的每个阶段

把精力多集中到工作的进程上而不是其结果。不时地停下来，欣赏进程中的某一刻，而不要老盯着最后的结局。否则你会过得很疲惫。因为你再怎么努力也会发现结果还是那么的不尽如人意！

⑤用自己完成的事情来鼓舞自己

当你觉得自己很失败时，可以先列出一张清单，在上面写上你当天完成的事情：譬如泡了一杯清香的茶，积极地工作了一天，用电脑进行了文字处理，学到了一个新式的做菜法……

⑥每天都记录你的成功

每天都在大脑里记录下一个美妙的时刻、几项成功完成的工作或是别人的一声称赞，晚上睡前再回忆一遍。你会觉得自己还是很成功的。

⑦拿自己的错误当消遣，给自己点幽默尝尝

你可以拿自己犯下的错误来消遣，把它们编成有趣的故事讲给别人听。他们其实很乐意听到别人也和自己干一样的蠢事。今天小小的差错往往就会成为明天的逸事！尝试一下，会发现你不仅不会为此丢掉脸面，相反，还会给别人留下平和的印象，特别是当你有所成就时。

在生活中，事事追求完美可不是什么值得称赞的做法。你努力的方向应该是让自己充满才干、独一无二，而不是做什么都有两下子却始终是咣咣当当的半瓶子的醋。要记住，虽然你缺点很多，也相当不完美，但因为你就是你，而不是别人，这点就会让你变得独特和稀有起来。就像那个长相并不好看的苹果，其实还是相当内秀、相当有内容的呢！卢梭说："大自然塑造了我，然后把模子打碎了。"但是，有太多人违背自我，以别人眼中的"完美"作为自己的目标和追求对象，所以，肯定活得很累。对于生活，大可不必如此，只要保持正常状态，拥有一颗知足的平常心，你将轻松许多。而且，接受多数人身上都存在的缺点，你的生活一定能或多或少地得到改观，同样，对自己也尽量宽容一些。学会欣赏自己的不完美才会构建属于自己的生活和天空！那么，从现在开始，学会接受自我，找寻不完美的美丽所在吧。

小事不必争得太明白

大事不糊涂，小事不计较。

——民间名言

生活中，我们不要总是遇事就争个明白，一些无关紧要的小事就让它过去算了，为此斤斤计较、争论不休反而会损害自己在众人眼中的形象。

寺庙中的两个小和尚为了一件小事吵得不可开交，谁也不肯让谁。第一个小和尚怒气冲冲地去找方丈评理，方丈在静心听完他的话之后，郑重其事地对他说："你说得对！"于是第一个小和尚得意扬扬地跑回去宣扬。第二个小和尚不服气，也跑来找方丈评理，方丈在听完他的叙述之后，也郑重其事地对他说："你说得对！"待第二个小和尚满心欢喜地离开后，一直跟在方丈身旁的第三个小和尚终于忍不住了，他不解地向方丈问道："方丈，您平时不是教我们要诚实，不可说违背良心的谎话吗？可是您刚才却对两位师兄都说他们是对的，这岂不是违背了您平时的教导吗？"方丈听完之后，不但一点也不生气，反而微笑着对他说："你说得对！"第三位小和尚此时才恍然大悟，立刻拜谢方丈的教诲。

以每一个人的立场来看，他们都是对的。只不过因为每一个人都坚持自己的想法或意见，无法将心比心、设身处地地去考虑别人的想法，所以没有办法站在别人的立场去为他人着想，冲突与争执因此也就在所难免了。如果能够以一颗善解人意的心，凡事都以"你说得对"来先为别人考虑，那么很多不必要的冲突与争执就可以避免了，做人也一定会更轻松。

因此，凡事都要争个是非的做法并不可取，有时还会带来不必要的麻烦或危害。如当你被别人误会或受到别人指责时，如果你偏要反复解释或还击，结果就有可能越描越黑，事情越闹越大。最好的解决方法是，不妨把心胸放宽一些，没有必要去理会。

比如对于上班族来说，虽然人和人相处总会有摩擦，但是切记要理性处理，不要非得争个你死我活才肯放手。就算你赢了，大家也会对你另眼相看，觉得你是个不给朋友留余地，不尊重他人面子的人，于是你会失去真正的朋友。

2002年3月，一位旅游者在意大利的卡塔尼山发现一块墓碑，碑文记述了一个名叫布鲁克的人是怎样被老虎吃掉的事件。由于卡塔尼山就在柏拉图游历和讲学的城邦——叙拉古郊外，很多考古学家认为，这块墓碑可能是柏拉图和他的学生们为布鲁克立的。

碑文记述的故事是这样的：布鲁克从雅典去叙拉古游学，经过卡塔尼山时，发现了一只老虎。进城后，他说，卡塔尼山上有一只老虎。城里没有人相信他，因为在卡塔尼山从来就没人见过老虎。

布鲁克坚持说见到了老虎，并且是一只非常凶猛的虎。可是无论他怎么说，就是没人相信他。最后布鲁克只好说，那我带你们去看，如果见到了真正的虎，你们总该相信了吧？

于是，柏拉图的几个学生跟他上了山，但是转遍山上的每一个角落，却连老虎的一根毛都没有发现。布鲁克对天发誓，说他确实在这棵树下见到了一只老虎。跟去的人就说，你的眼睛肯定被魔鬼蒙住了，你还是不要说见到老虎了，不然城邦里的人会说，叙拉古来了一个撒谎的人。

布鲁克很生气地回答：我怎么会是一个撒谎的人呢？我真的见到了一只老虎。在接下来的日子里，布鲁克为了证明自己的诚实，逢人便说他没有撒谎，他确实见到了老虎。可是说到最后，人们不仅见了他就躲，而且背后都叫他精神残疾。布鲁克来叙拉古游学，本来是想成为一位有学问的人，现在却被认为是一个精神残疾和撒谎者，这实在让他不能忍受。为了证明自己确实见到了老虎，在到达叙拉古的第十天，布鲁克买了一支猎枪来到卡塔尼山。他要找到那只老虎，并把那只老虎打死，带回叙拉古，让全城的人看看，他并没有说谎。

可是这一去，他就再也没有回来。三天后，人们在山中发现一堆破碎的衣服和布鲁克的一只脚。经城邦法官验证，他是被一只重量至少在五百磅左右的老虎吃掉的。布鲁克在这座山上确实见到过一只老虎，他真的没有撒谎。布鲁克在这场争论中取得了胜利，不过代价却是他宝贵的生命。

急于证明自己清白而为一些小事一争到底的人是愚蠢的，这样做只会白白地损害自己的形象，惹人耻笑。如果你能更大度一点，对这些无关紧要的小事一笑置之，那么你一定会赢得更多人的尊敬。

放弃凡事争个明白的傻念头吧，真正的智者从不会为小事斤斤计较，他们总是坚持走自己的路，不管别人怎样评说，而时间最后总会证明他们是正确的。

超越褊狭心理

一个伟大的人有两颗心：一颗心流血，一颗心宽容。

——纪伯伦

对那种不能容忍、脾性褊狭的心理，最好的修正方法是增加智慧和丰富生活经验。拥有良好的修养往往使你摆脱那些无谓的纠缠。那些不能容人、脾性褊狭的人很容易卷入到这些无谓的纠缠中。那些具有宽厚性格的人其性格的宽厚程度与其实际智慧成正比，他们总是能考虑别人的缺点和不利条件而原谅他们——考虑别人在性格形成过程中环境因素的控制力量，考虑别人不能抵制诱惑而犯错的情形。

如果我们不能原谅和容忍别人，不能宽厚待人，人们也会以同样的态度对待我们。

在南美的一个小村里，那儿的大脖子病（甲状腺肿）非常普遍，以致该村的人以为没有这种病的人就是畸形人或丑八怪。一天，一群英国人经过那儿，村庄里的许多人都嘲笑他们，并狂呼乱叫："看，看这些人他们没有大脖子（病）！"

大学问家法拉第曾和他的朋友廷德尔教授在信中交流他的心得体会，下面便是他令人钦佩的建议，这些建议充满了智慧，也是他丰富人生经验的总结。法拉第说："请允许我这位老人，这时，我应该说从人生经历中获益匪浅，谈谈我的心灵感悟。年轻时，我发现我经常误会了别人的意思，很多时候，人们所表达的意思并非我想的那种意思。而且，更重要的是，通常对那种话中带刺的话装聋作哑要比寻根究底好，相反，对那种亲切友好的话语仔细品味要比权当耳边风好。真相终归会大白于天下。那些反对派，如果他们本身错误的话，用克制答复他们远比以势压人更容易使他们信服。我想要说的是，对党派偏见视而不见更好，对好心好意则应该目光敏锐。一个人如果努力与人和睦相处，那他一生中就会获得更多的幸福。你肯定不能想象出，我遭人反对时，我私下也经常恼怒不已，因为我不能正确地思考，因为我总是目空一切；但是，我总是努力地，我也希望能成功地克制自己与别人针尖对麦芒地针锋相对，我也知道我从未为此受到过什么损失。"

日本战国时代，上山千信和武田信玄是死对头，他们在川岛会战之后，又打了好几次激烈的仗。有一天，一向供应食盐给信玄的今川氏和北条氏两个部落，都和信玄起了冲突，因此中止了食盐的供应。而信玄的属地申州和信州又都是离海很远的内陆，不生产食盐，因此使这两州的人民都陷入了无盐的困境。

千信听到这个消息后，马上写信给信玄说："现在今川氏和北条氏都中止了食盐的供应，使你陷入困境，我不愿趁火打劫，因为那是武将最卑鄙的做法。我还是希望在战场上和你分个胜败，所以食盐的问题，我来帮你解决。"而千信也果然遵守诺言，请人运送大批的食盐到申州和信州，替信玄解决了问题。所以信玄以及两州的人民都很感激千信。

千信是当时最剽悍善战的武将，每次战争都可以说是惊天动地，并且他又非常讲义气。从这个故事中我们可以知道，千信实在是一位具有深厚同情心的人。也正因他的武功高强，为人光明磊落，重义气而富同情心，所以很受后人的敬仰。

常人的心理都会为敌人陷入困境而幸灾乐祸，同时也会觉得，可利用这种难得的机会打败敌人。可是千信并不这么想，虽然他和信玄是死对头，又不断交战，但目的只是为了争个高低，而不是要陷百姓于困境。所以千信认为，虽然两国正在战争之中，但面对敌人因为没有食盐而陷入困境时，理应先设法拯救，至于争夺胜负，那是战场上的事。千信有这种气度，正是他伟大的地方。

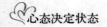

在这世界上，竞争是免不了的，对立有时也是必要的。但是，过于褊狭的心理会让我们自动与快乐为仇。

别用淡漠来耍"酷"

希望是半个生命，淡漠是半个死亡。

——纪伯伦

酷，如今成为一种时尚，甚至令"漂亮"、"风流"之类黯然失色。酷是什么，至少从表面上是一种淡漠、冷酷，对任何人和事的不屑一顾。

酷对于一个迫切需要热忱的世界来说这多么可怕，对于一个期望有所成就的人来说，这又是一个多么愚蠢的选择。

战国时代的政治家苏秦是平民出身，但是却有伟大的抱负和理想。在那个时代，诸侯兼并，出现了齐楚秦燕韩赵魏七个国家，其中以盘踞在西方的秦国最强，不断攻击东方各国，大有一统天下之势。所以苏秦开始游说六国，希望六国的国君采用他的学说，联合抵抗西方的秦国，起初诸侯对他的主张并没有多大兴趣，但他毫不气馁，仍不屈不挠地四处游说，最后，他的热忱终于感动了燕国的国君，任命他当宰相，并以此为基础，提倡"合纵"政策，使六国国君都先后采纳了他的意见，由他一个人兼任六国的宰相。

秦国的势力很强大，但在苏秦主持"合纵"的 15 年中，也被逼得无法动弹，可见苏秦的策略有其成功的一面。

在中国的战国时代，各国求才的风气很盛，所以有才学的志士，只要肯去游说诸侯，大部分都能得到重用，其中最有名的，就是这个佩带六国印信，而能号令天下的苏秦。苏秦的成就，除了他的周详计划和高度的说服力以外，主要的就是他对政治的一股狂热。那时候交通不便，想到各国去游说，确实很不容易。他单为了想见燕君一面，就苦思筹划了一年多，还没有十足成功的把握。这情形如果换了一个意志不坚定的人，可能会因为失望而作罢。可是苏秦却怀着无比的热忱及持之以恒的决心，全力以赴。

其实，不论做什么事，一定要有决心和热忱才能办成，如果是存着试试看的心理，往往不容易成功，因为当事人会由于缺少精神压力而激不起潜能。如果能坚持着热忱，就能发挥个人的潜力与智慧，而把事情圆满解决。

工作中的淡漠尤其不可救药，而只有它的反面——热忱才能助你成功。下面是伍德鲁夫和他的可口可乐的故事：

伍德鲁夫天性热情外向，可称是推销的奇才。

"要让全世界都喝可口可乐"——这就是他的目标。当时国内市场日趋饱和，开辟国际市场势在必行。他上台后，立刻增设了"国际开发部"，立志要把可口可乐推向世界。

然而，把这样一种略带药味的饮料推到国际市场，要使全世界饮食习惯各异的人都能接受它，谈何容易！

阻力首先来自可口可乐公司董事会那些保守的元老们，老董事杜吉尔怒气冲冲地责问道："我知道你上任后想显示一番，但你不能用全体人员的利益去孤注一掷。"

伍德鲁夫争辩说："美国的食品能在国外销售，这么好的饮料为什么就不能在国外销售呢？"

杜吉尔也振振有词："食品与饮料完全是两回事。不管什么人，对食品主要考虑的是营养成分，只要有营养，他们是愿意让自己的口味迁就食品的。而饮料只是消暑解渴，喝不喝都行，外国人怎么会放弃自己的传统和习惯去迁就我们的饮料呢？"

"你说得很有道理，但不管是哪国人都会有好奇心的习惯，这一点请不要忘记。"

杜吉尔答道："好奇心并不是习惯，好奇心难以持久，一旦不能从好奇心转变为习惯，那么在国外的推销就会失败，现在国内市场看好，我们犯不着到国外去冒险。"

这是一场开创派与保守派的争论。争论后伍德鲁夫陷入了沉思。在他的脑海中不断浮起在旧金山的唐人街上，许多中国人津津有味地喝着可口可乐的情景。中国够"遥远"的了，那里的人也应该和美国人口味不同，却为什么可以接受可口可乐呢？这一点，再次点燃了他的梦想。

他相信开发国际市场和国内市场一样，只要推销方式得当，手段得法，国际市场就一定能够打开。

1941 年，爆发了珍珠港事件，美国参加了第二次世界大战。战争使可口可乐陷入困境，国内市场不景气，向国外开发也一筹莫展。

内外交困使历来精明的伍德鲁夫倍感忧虑，难道父亲一手创建的基业要败在我的手上了？

山穷水尽疑无路，柳暗花明又一村。正当伍德鲁夫发愁时，老同学班塞出现了。

班塞在麦克阿瑟手下任上校参谋，这次临时回国，特意给老同学打来电话。

伍德鲁夫说："难得你还想着我啊？"

"我不是想你，我是天天在想着你的可口可乐！"班塞豪爽地笑着说，"好长时间没喝上你那深红色的'头疼药'了，在菲律宾热得要命的丛林中，真想喝啊！一下飞机，我就先喝了两大瓶，可惜我不是骆驼，不然真想灌上一肚子带回去慢慢消化。"

机会来了！敏感的伍德鲁夫从班塞的话中得到了灵感："如果前线的将

士都能喝到可口可乐，不就像是做活广告吗？那么当地的人也会纷纷购买，市场不就打开了吗？"的确，战争不仅会带动军火工业，而且也会刺激其他行业的生产，刺激疲软的市场。

伍德鲁夫不会轻易放过这个机会。

他开始了他的宣传攻势，凭着三寸不烂之舌大吹可口可乐可以"鼓舞士气"，可以"调节前线将士的艰苦生活"。

但五角大楼的官员却连连摇头，只给了他"研究一下"的答复。

回到公司之后，伍德鲁夫发现形势已迫在眉睫，他决定展开一场宣传攻势，促使国际部的官员改变主意。为了一举成功，伍德鲁夫亲自指导宣传提纲的撰写，他说："一定要把可口可乐与前方将士的战地生活紧紧地联系起来，还要写清饮料对战斗的影响，可口可乐对前线将士的重要不亚于枪弹，公司的成败在此一举，各位要用尽全力，使之一举成功。"

画册最终定名为《完成最艰苦的战斗任务与休息的重要性》，并用新版印刷，画册图文并茂，生动感人。小册子极力宣传，在紧张的战斗中尽可能调剂战士的生活，当一个战士在完成任务、精疲力竭、口干舌燥时，喝上一瓶清凉的可口可乐，该是何等的惬意呵……

毋庸置疑，伍德鲁夫这一天才的热忱宣传，使国会议员、军人家属和整个五角大楼为之倾倒。国防部不仅同意把可口可乐列入军需品，还支持在军队驻地办饮料工厂。

五角大楼的有力支持，使可口可乐公司受益匪浅，不到3年时间，公司共在海外发展了64家加工厂，销量达到了50亿瓶。在这一时期，可口可乐公司成功地开辟了国际市场，还为战后的腾飞奠定了基础。

从伍德鲁夫的成功中可以看到，他在经营中极好发挥了他天性中的优势，他热忱、乐观、豁达，干起事来势如破竹，他的经营才华主要表现在他的对外交际上，特别是宣传上，热忱有度，行动上恰到好处。

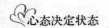

　　淡漠是一种十分有害的病毒，一旦受其侵害，一个人便会整个儿地丧失活力——工作、爱人、朋友、娱乐一切不再能给你带来快乐。同时，还会把它传染给接触到的每一个人。也许仅仅外表上的扮酷并没有什么危害，但千万别让淡漠迷住你的内心。

依赖久了会变成无赖

　　我们虽可以靠父母和亲戚的庇护而成长，依赖兄弟和好友，借交游的扶助，因爱人而得到幸福，但是无论怎样，归根结底人类还是依赖自己。

——歌德

　　人们都明白"求人不如求己"这句话其中的道理，但真正能做到"求己"而"不求人"并不容易。

　　有的人一生中的很多注意力都会放在"求人"上，那么"求人"好不好呢？当然，有时候好像挺不错的，尤其是当你的"要求"被满足的时候。但是，大多数的时候，"求人"让你感觉到自己比人家矮半截，以至于当你的"要求"被拒绝的时候，你会变得愤怒、失望、沮丧、挫折，甚至觉得备受屈辱。

　　如果你觉得工作出色，便向老板提出加薪，可老板却拒绝了，你是不是会愤怒，会失望甚至会痛苦呢？你努力了半天恳求客户给你的一笔生意，结果客户拒绝了，你是不是心情十分低落，就好像是一只斗败的公鸡？你要求一个人爱你，但他却表现出一副漠视你的态度，仿佛根本无视于你的存在，是不是令你伤心欲绝？

　　每当"求人"时，你自己也许没有意识到，此时你已经产生了一种"依赖别人而活"的心理。你觉得你的生活满足与否，是由于别人的关系。也可以说，你把你自己交给了别人，让别人来操纵你。

　　"求人"，你必须讨好别人，迎合别人，希望换取别人的施舍，这样做就失去了尊严，故而你便扭曲自己，掩盖了本来的面目，这反而会使你脱离了自我，距离真实纯真的自己愈来愈远。更可怕的是，当你真的缺少了别人的帮助便不能活时，你就会成为死乞白赖地要去依赖别人的无赖！

　　想要活得有尊严，就要学习"不求人"，并且反过头来"求自己"。怎么"求自己"呢？很简单，就从"爱自己"开始做起。

　　生活中确实有很多时候，从表面上看你好像处于不得不"挨打"的局面，"我真是厌恶我的工作到了极点，但是，为了养家糊口，我只好忍气吞声继续做下去……""老板不给我升官，实在太可恶了，我为公司付出那么多，得到的却是别人的一半，实在太不公平了！"

　　问题是，不管是你的工作、你的老板、你的伴侣、你的客户，甚至你的生活，都是你自己决定"选"的，是你自己当初所"爱"的，他们没有什么不对劲，不是他们让你失望，而是你对自己的"选择"失望。如果你自始至终忠于自己的选择，爱自己的选择，你就能包容、体谅，并且将这一切视为理所当然，更不会去苛求什么。

　　"求己"的人，通常会很诚实地接受"我就是这样的人"、"我可以为自己负责"、"如果我对现状不满意，接下来，我还可以为自己做些什么"；"求己"的人，不会把时间浪费在自怨自艾，嗟叹自己"为什么那么倒霉"。

　　如果你花掉太多的时间在"求人"上，把希望寄托在别人身上，即便你能得到所"求"，你还是一直会缺少安全感，因为你不知道哪天它会消失。纵然你苦苦"求"了一辈子，最后很可能还是徒劳无获。所以，不要管别人了，还是回头"求自己"吧！

在情感的路上，不论是已婚还是未婚的男女，很多人总是不自觉地把期望放在另一半身上，希望对方多在意自己一点，多爱自己一点，如果对方做不到，就会产生怨恨与摩擦。

现在身为一家杂志社主编的劳伦承认自己曾经也如此，总是觉得配偶达不到自己的要求。在外人眼里这是个"幸福的组合"、标准的"模范夫妻"，但劳伦却愈来愈不满意自己的伴侣，她一直渴望有一个深厚感情的婚姻，彼此更贴近对方，然而她感觉自己始终得不到，因而情绪受到很大的煎熬。

34 岁那年，是劳伦很大的一个人生转折点，她断然放弃了婚姻，恢复单身。不过，她并没有因此而变得比较快乐，依旧感到沮丧、挫折，她知道自己出了问题，便开始反省自己："我到底有什么不对劲？"

劳伦认识到，自己在感情上不顺遂，是因为对别人一直有很大的"期待"，总是认为别人"应该"如何对待她，而当对方不是那样的时候，她就觉得失落，失望，甚至绝望，更有时会变得歇斯底里。这时候的女人在男人眼里也就成了不讲任何道理的"无赖"——虽然难听，却是事实。

她发现在累积愈来愈多绝望之后，她开始逃避，并且拼命为自己编织谎言："你看，果然不出所料，他们都遗弃你，你就是得不到你要的，你就是不可能被爱！"

劳伦费了很大的工夫才终于弄懂，原来，自己一直在"求"人，而且，她以为那些东西迟早会"求"到，总有一天会自动从天上掉下来。其实，她是大错特错。

她决定开始练习"不求"人，并且把关注点放在自己身上，"我能不能多爱自己一点？多给自己一点？"她悟出一个很重要的道理："毕竟，我的生命不应该是寄托在别人身上，而是应该靠自己独立完成。"

走过了这一段漫长的历程之后，劳伦对自己认识得更清楚，处理感情也变得更成熟。目前，她有一个很要好的男友，两人维持稳定的关系，互相关怀接纳，同时也尊重彼此是独立的个体，不把不当的期待加诸对方身上。

　　现在，你若问劳伦，"不求"人的滋味如何？她会很肯定地回答你："没有负担，而且，自己变得更快乐！"

　　不再依赖便不再有负担，这就是放弃依赖之心的最好理由。